문과생도 알아두면 쓸모있는

반도체 지식

문과생도 알아두면 쓸모있는
반도체 지식

초판 1쇄 발행 2023년 9월 25일

글쓴이 이노우에 노부오·구라모토 다카후미
옮긴이 김지예
감수 박완재

편집 양승순
디자인 김현수

펴낸곳 (주)동아엠앤비
출판등록 2014년 3월 28일(제25100-2014-000025호)
주소 (03972) 서울특별시 마포구 월드컵북로 22길 21, 2층
홈페이지 www.dongamnb.com
전화 (편집) 02-392-6901 (마케팅) 02-392-6900
팩스 02-392-6902
이메일 damnb0401@naver.com
SNS

ISBN 979-11-6363-710-3 (03500)

※ 책 가격은 뒤표지에 있습니다.
※ 잘못된 책은 구입한 곳에서 바꿔 드립니다.

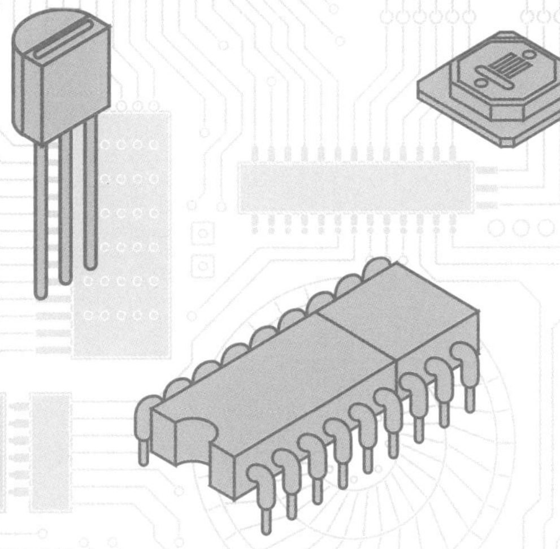
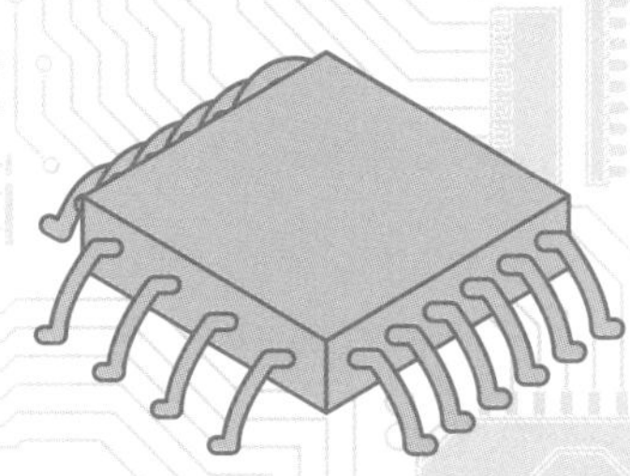

세상에서 가장 작은 정보의 바다를 탐험하다

문과생도 알아두면 쓸모있는

반도체 지식

이노우에 노부오 · 구라모토 다카후미 지음 | 김지예 옮김 | 박완재 감수

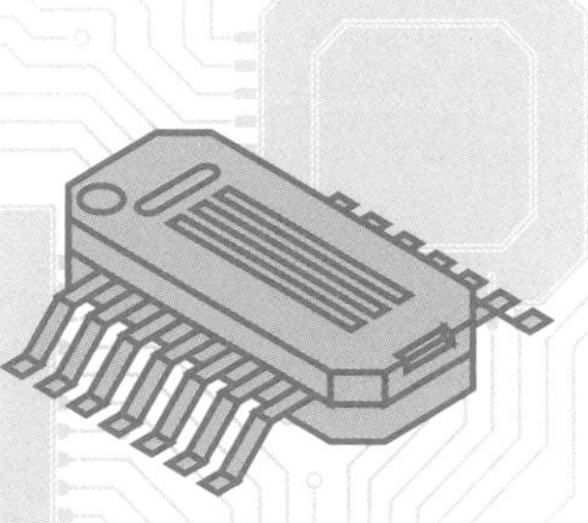

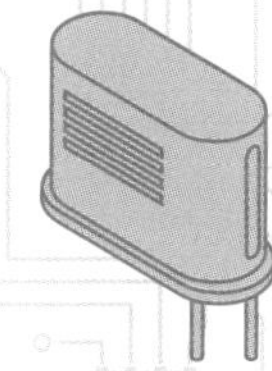

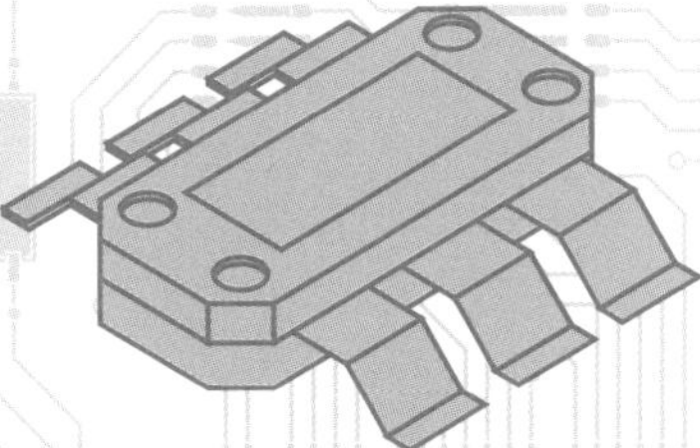

차례

'반도체에 대해 아는 지름길은 그 역사를 배우는 것이다.'

나는 이렇게 확신합니다.

필자는 반도체 업계에서 엔지니어로 일하고 있습니다. 그래서 '바람직한 반도체 입문서는 과연 어떤 것이어야 할까?' 하고 오랫동안 깊이 생각해 왔습니다. 물론 이것은 쉬운 일이 아닙니다. 왜냐하면 현재의 반도체 업계는 기술이 매우 고도화되고, 세분화되어 있기 때문에 전체를 아우르기란 쉽지 않습니다.

예를 들어, '모델링' 기술을 전공하고, 트랜지스터 같은 전기 특성을 시뮬레이터상에서 재현하기 위한 파라미터를 추출하는 작업이 있다고 합시다. 이 기술은 반도체 업계에서 필수 불가결한 것입니다. 그러나 일반 대중은 물론 이공계 대학원을 갓 졸업하고 기술 계통에 종사하는 이들도 이처럼 전문화된 기술을 이해하기란 매우 어렵습니다. 이렇게 고도의 여러 기술이 관련된 반도체 기술에 대해 책을 써 낼 수 있을지 고민한 후, 불가능하리라는 생각을 하고 있었습니다.

그러던 와중에 이 책을 써 달라는 요청을 받았습니다. 이노우에 노부오 선생이 돌아가시면서 유작으로 남긴 이 책을 이어서 써 주기를 바란다는 것이었습니다. 출판사에서 요청을 받은 것은 2021년이었는데, 그해는 반도체 공급이 부족해서 사회 전체가 큰 영향을 받을 때였습니다. 반도체에 대한 관심이 높아진 때였지요. 그래서 반도체 기술에 대해 전반적인 이해를 할 수 있는 책을 완성하겠다고 결심했습니다. 그러나 쉬운 일이 아니더군요.

처음 이노우에 선생의 원고 목차를 받았을 때, 솔직히 말해 쓴웃음을 지었던 기억이 납니다. 그도 그럴 것이, 현재 반도체 업계에서 사용하는 지식이라고 생각할 수 없는 과거의 이야기들밖에 없었으니까요.

그러나 원고를 읽으면서 생각이 바뀌었습니다. 왜냐하면 정말 재미있었기 때문입니다. 이노우에 선생은 반도체 업계의 여명기에 대해 잘 알고 있었고, 당시 상황을 상세히 써 내려갔습니다.

미완의 원고를 읽으면서 깨달은 것이 있습니다. 현재 반도체 업계는 대규모 산업으로 성장했고, 전 세계의 많은 엔지니어들이 반도체 제조와 개발에 종사하고 있습니다. 그런 기술에 대해 알기 쉽고 간결하게 정리하는 것은 불가능합니다. 그러나 반도체 기술의 여명기로 돌아가 생각해 보면, 수십 명의 엔지니어들이 제조와 개발을 담당하던 시대가 있었고 그 정도 규모라면 흐름을 간결하게 이해할 수 있을 것입니다. 각각의 기술을 자세히 살펴보면 CMOS나 마이크로프로세서 및 반도체 메모리의 원리 등, 반세기에 가까운 시간이 지나도 변치 않는 근본 기술이 있다는 것을 알게 되었습니다.

IT업계는 '도그 이어(Dog Year)'라고 불릴 정도로 기술 발전이 빠릅니다. 그 핵심인 반도체 기술 역시 가지와 잎에 해당하는 부분은 현기증이 날 정도로 빠르게 변화하지요. 그러나 근간이 되는 기본 기술은 의외로 크게 바뀌지 않는다는 것을 깨닫게 되었습니다. 특히 반도체를 활용하는 엔지니어들과, 비즈니스적 관점에서 반도체 업계를 바라보는 경영자라면 이런 기본 지식을 아는 것만으로도 시야가 크게 트일 것입니다.

이 책은 반도체 기술의 기초와 역사를 다룬 이노우에 선생의 원고를 토대로, 현재 반도체 업계의 최전선에서 엔지니어로 일하는 필자가 현대 반도체 기술의 발판이 되기를 바라며 부족한 내용을 보충하고 편집했습니다. 각각의 기본 기술에 대한 자세한 설명뿐만 아니라, 그것이 왜 필요해졌는지에 대한 흐름을 이해할 수 있도록 했습니다.

이 책 한 권으로 오늘날 반도체 기술을 모두 속속들이 다 이해할 수 있다고 말하는 것은 아닙니다. 그러나 이 책에서 이야기하는 기본 기술의 배경이나 흐름을 이해하면, 최신 반도체 기술에 대해 이해하는 것이 훨씬 쉬워질 것입니다. 광대한 반도체 기술의 기본을 이 책과 함께 배워 보도록 합시다. 먼저 '반도체는 무엇에 도움이 되는 것일까?', '반도체에는 어떤 것이 있을까?' 같은 기본적인 질문에 간단하게 대답하면서 시작해 보겠습니다. 그러면 책장을 넘겨볼까요?

구라모토 다카후미

반도체는 어떤 역할을 할까?
반도체에는 어떤 종류가 있을까?
반도체는 어떻게 만들어졌을까?
반도체는 어떻게 사용되고 있을까?
이번 장에서는 먼저 위와 같은 질문에 대해
전체적으로 살펴보겠습니다.
본론에 들어가기 전의
예비지식이라고 생각하고 읽어 주시기 바랍니다.

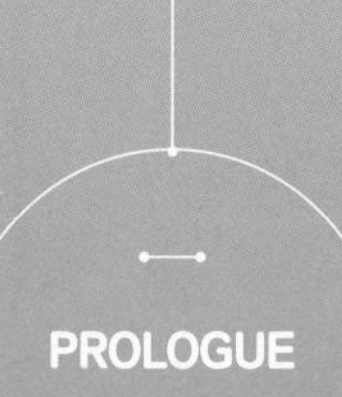

PROLOGUE

반도체의 세계

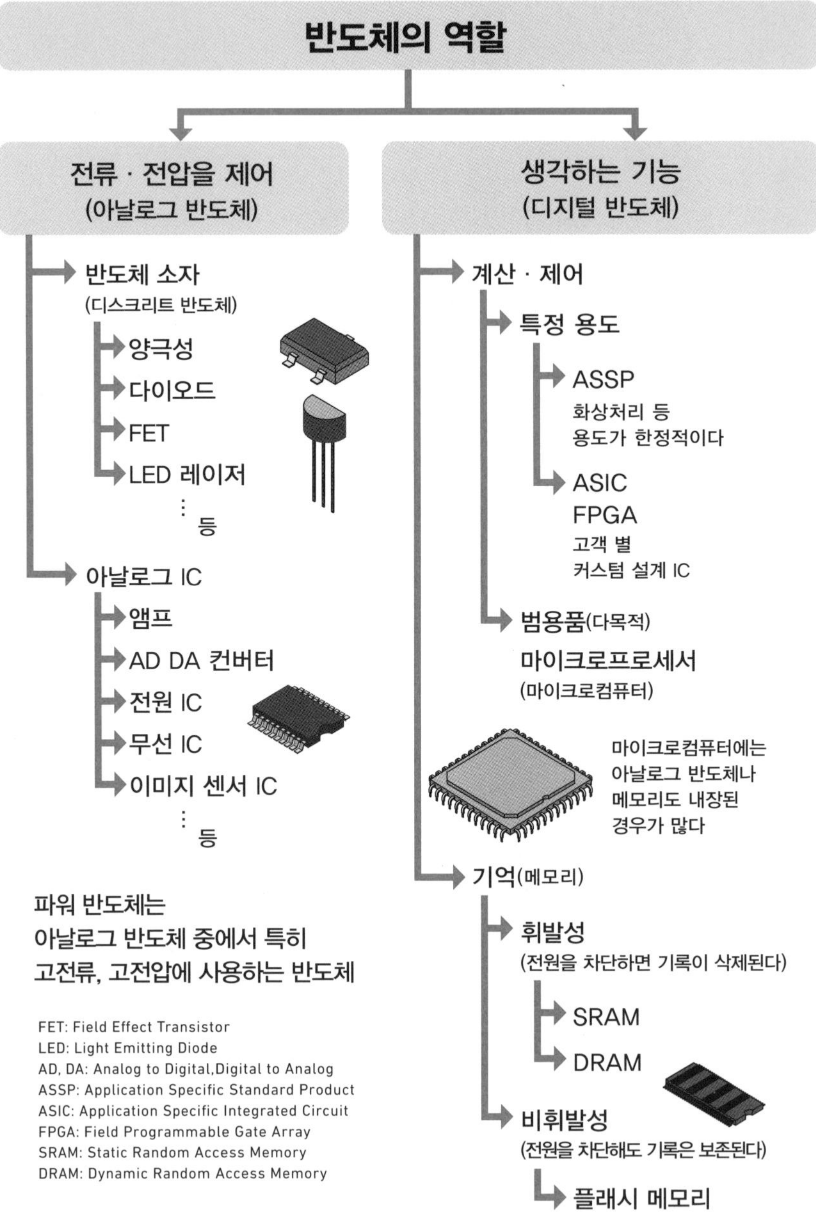

FET: Field Effect Transistor
LED: Light Emitting Diode
AD, DA: Analog to Digital,Digital to Analog
ASSP: Application Specific Standard Product
ASIC: Application Specific Integrated Circuit
FPGA: Field Programmable Gate Array
SRAM: Static Random Access Memory
DRAM: Dynamic Random Access Memory

반도체의 장점은 무엇일까?

반도체는 우리 주변에 정말 많이 존재합니다. 실제로 콘센트를 꽂는 전기 기기나 전지, 배터리를 사용하는 것에는 모두 반도체가 사용됐다고 해도 틀린 말이 아닙니다. 반대로 말하면, 반도체가 없으면 전기를 이용할 수 없다고 해도 과언이 아니지요. 현대사회에서 전기가 없어지면 어떻게 될지 상상해 보세요. 반도체가 없어지면 세상에서 전기가 사라지는 것 같은 충격이 발생할 것입니다.

그러면 과연 반도체란 어떤 기능을 하는 것일까요?

반도체의 기능은 크게 두 가지로 나눌 수 있는데 그중 하나는 '전류와 전압을 제어하는' 것이고, 다른 하나는 '생각하는' 것입니다.

전류와 전압을 제어하는 아날로그 반도체

우선 '전류와 전압을 제어'하는 기능부터 설명하겠습니다. 이런 기능을 하는 반도체를 '아날로그 반도체'라고도 부릅니다.

아날로그 반도체의 역할은 세 가지로 나눌 수 있습니다. 그것은 스위치, 변환, 증폭입니다.

먼저 '스위치'는 전류를 흘려보내거나 멈추는 역할을 합니다. 초등학교 과학 시간에 전지와 구리선을 연결해 꼬마전구에 빛이 들어오게 하는 실험을 한 적이 있을 것입니다. 이 물체를 연결하면 빛을 내는데 그렇게 연결해 두면 빛이 켜진 상태로 계속 존재합니다. 그러나 우리가 실제로 사용하는 전기 제품은 전원을 켜거나 끄면서 제어할 수 있어야 합니다. 아날로그 반도체의 역할 중 하나가 바로 스위치입니다.

아날로그 반도체의 두 번째 역할은 '변환'입니다. 텔레비전이나 라디오, 휴대 전화는 전파를 통해 정보를 입수한다는 것을 알고 있을 것입니다. 여기에서 전파의 신호를 전자 제품 내부에서 활용하도록

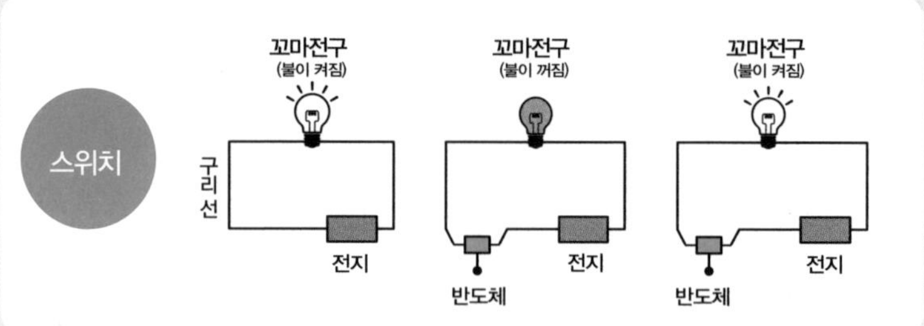

전기 신호로 변환하는 것, 그리고 전자 기기 내부 정보를 송신할 때 전기 신호를 전파로 변환하는 것이 반도체의 역할입니다.

여러분은 LED(Light Emitting Diode)라고 하는 반도체를 전구로 사용한 'LED 전구'를 알고 있을 것입니다. LED라는 반도체는 전기를 빛으로 변환하는 역할을 합니다.

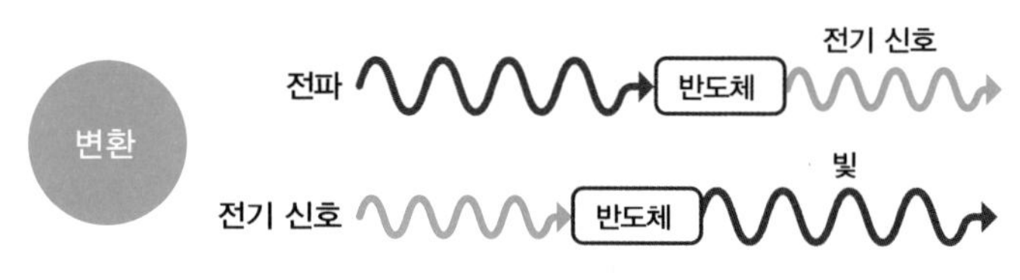

아날로그 반도체의 세 번째 역할은 '증폭'입니다.

전기 기기에는 온도나 압력 센서가 부착된 것이 있습니다. 센서는 정보를 전기 신호로 변환하는데, 이 신호는 매우 작아서 금방 사라지거나 노이즈의 영향을 받기도 합니다. 그러므로 이렇게 작은 신호를 큰 신호로 증폭시켜야 합니다. 이 역할을 하는 것이 반도체입니다.

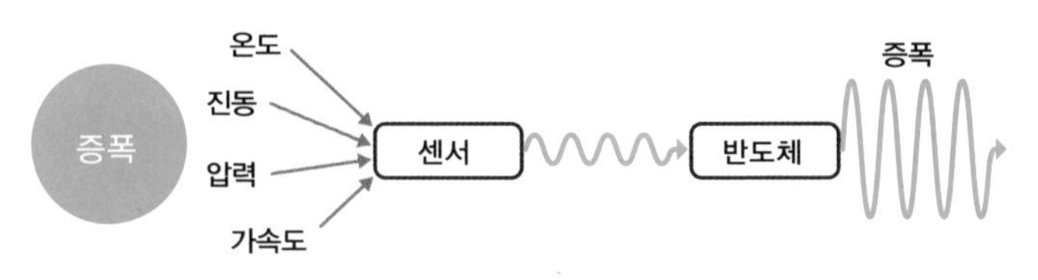

생각하는 디지털 반도체

다음으로 '생각하는' 역할을 담당하는 반도체를 디지털 반도체라고 부릅니다.

컴퓨터는 사람의 두뇌를 지원하는 기계입니다. 예를 들어 복잡한 계산을 하거나, 많은 정보를 기록하지요. AI(인공지능)도 컴퓨터라는 박스에 들어가 있는 반도체에 의해 작동합니다.

이렇게 계산을 하고, 기억하는 것이 디지털 반도체의 중요한 역할입니다. CPU나 마이크로컴퓨터 또는 프로세서라는 단어를 들어본 적이 있나요? 이들은 반도체의 '생각하는' 기능을 활용한 제품입니다. 또한 '기억하는' 기능을 사용한 제품을 '메모리'라고 부릅니다. 예를 들어 기계를 사람으로 비유하면, 반도체는 두뇌와 신경의 역할을 수행합니다. 이 예를 통해서도 반도체의 중요성이 이해가 될 것입니다.

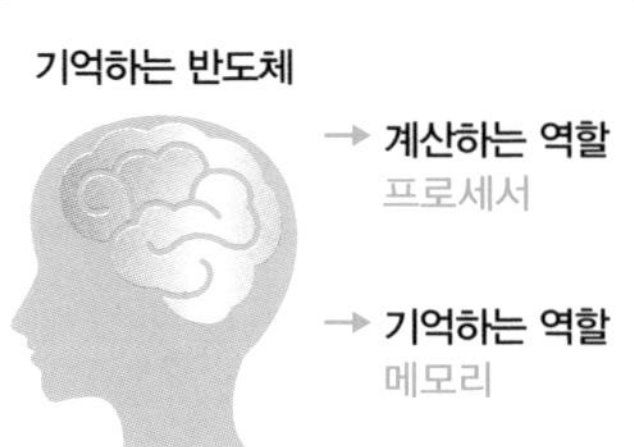

반도체의 종류와 역할

반도체는 우리 주변에 널리 사용되고 있기 때문에 쉽게 찾아볼 수 있습니다.

기회가 된다면 방에 있는 컴퓨터나 가전제품의 나사를 풀고 열어 보기 바랍니다. 그러면 녹색판 위에 검은색 물체가 많이 놓여 있는 것을 볼 수 있을 것입니다. 이 검은색 물체가 바로 반도체입니다.

반도체 중에서도 단자(발 부분)가 작게는 몇 개 정도인 것에서부터 열 개 정도인 것, 그리고 수십 개 이상인 것을 볼 수 있습니다.

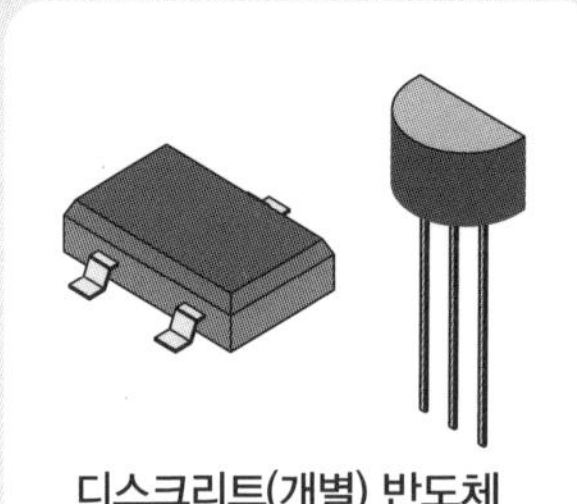
디스크리트(개별) 반도체

단자가 몇 개 정도로 많지 않은 것은 트랜지스터나 다이오드 등의 소자 한 개를 제품으로 만든 것입니다. 이것을 디스크리트(개별) 반도체라고 합니다. 발광 소자 LED 같은 것도 여기에 포함됩니다.

다음으로 단자가 열 개 정도인 것이 있습니다. 몇 개의 소자를 조합해 특정 기능을 가진 전자 회로를 만든 것으로, '단기능 IC(Integrated Circuit)'라고 합니다. 신호를 증폭시키는 앰프나 일정 전압을 공급하는 레귤레이터 IC 등이 대표적인 예입니다.

그리고 디스크리트 반도체나 단기능 IC는 전류나 전압을 제어하는 목적의 아날로그 반도체로 사용되는 경우가 대부분입니다.

단기능 IC

파워 반도체라는 것 역시 기본적으로 아날로그 용도로 사용됩니다. 사용하는 전류나 전압이 특히 높기 때문에 특별히 설계된 아날로그 반도체라고 생각하면 됩니다. 그리고 수십 개 이상의 많은 단자를 가지고 있는 것을 LSI(Large Scale Integrated Circuit)라고 합니다. 이것은 대략 1000개 이상의 소자를 집적한, 복잡한 동작을 하는 회로가 하나의 반도체로 만들어진 것입니다.

마이크로프로세서와 같은 디지털 처리(계산)를 하는 반도체에는 여러 개의 소자가 필요하기 때문에 LSI로 분류되는 것이 대부분입니다. 마이크로프로세서는 어떤 용도에도 사용할 수 있도록 설계되었습니다. 한편, 화상 처리나 통신용에 특화되어 있고, 특정 용도에 대한 성능을 향상시킨 LSI는 ASSP(Application Specific Standard Product)라고 합니다.

LSI

정보를 기억하기 위한 반도체는 메모리라고 부릅니다. 디지털 처리를 하는 LSI에는 반드시 메모리가 필요하기 때문에, 마이크로프로세서 내부에 메모리를 탑재한 것도 많습니다.

반도체는 어떻게 만들어지는가?

지금까지 설명했던 반도체가 어떻게 만들어지는지 간단히 설명해 보겠습니다. 앞에서 설명한 LSI는 다음의 그림처럼 구성되어 있습니다.

즉, IC칩이라고 하는 반도체 코어를 검은 패키지로 덮은 듯한 구조입니다. IC칩에는 단자가 튀어나와 있고, 리드 프레임의 핀과 와이어로 연결되어 있습니다. 케이스 역할을 하는 패키지는 IC칩을 수분이나 이물질로부터 보호하고, 프린트 기판에 실장(부착)하기 쉽게 하는 역할을 합니다.

이 반도체를 제조하는 공정은 크게 세 부분으로 나눌 수 있습니다.

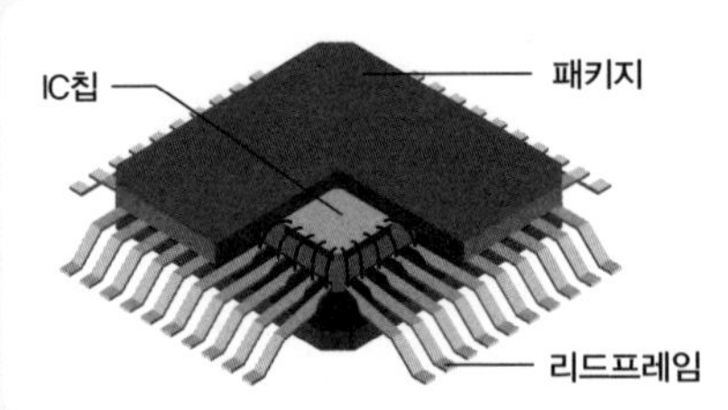

첫 단계는 **설계 공정**인데, 이 단계에서는 어떤 기능을 가진 반도체를 제조할 것인지 컴퓨터로 설계합니다. 이 설계 과정에는 전용 EDA(Electronic Design Automation)라고 불리는 소프트웨어를 사용합니다. 이 소프트웨어에는 매우 고도의 기술이 적용되었기 때문에 고가의 사용료를 지불해야 하지요.

그다음은 **전공정** 단계입니다. 이 단계에서는 둥근 실리콘 웨이퍼 판 위에 설계한 회로의 패턴을 만들어 넣습니다. 사진 기술을 응용한 포토 리소그래피라는 기술이 적용되며, 최신 제품인 경우에는 10nm(1mm의 10만 분의 1)라는 매우 작은 구조로 제작합니다. 반도체의 회로 패턴은 인간이 만든 구조물 중에서 가장 미세한 것이라고 할 수 있습니다.

마지막은 **후공정** 단계입니다. 이 단계에서는 실리콘 웨이퍼상의 IC칩을 분할해서 패키지라고 하는 부품에 조립합니다. 마지막에 예상한 대로 동작하는지 테스트한 후, 합격하면 상품으로 출시합니다.

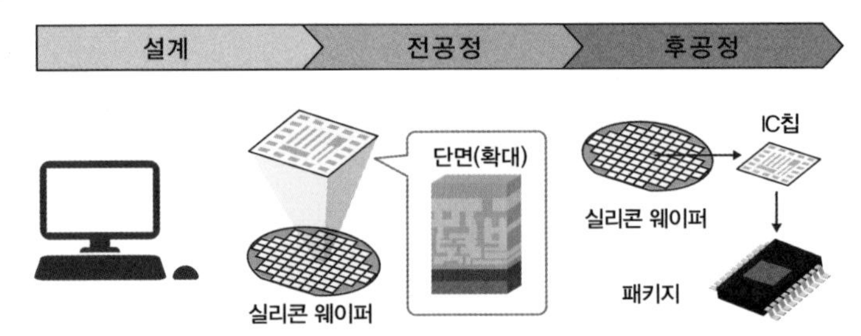

반도체가 활약하는 분야

앞에서 전기가 있는 곳에는 반드시 반도체가 사용되고 있다고 설명했습니다. 이 사실을 통해 알 수 있듯 반도체는 전 세계 어느 곳에서나 사용되고 있습니다.

먼저 컴퓨터에 사용됩니다. 반도체의 역할에는 생각하기와 계산하기가 있다고 한 것이 기억날 것입니다. 컴퓨터나 게임기가 바로 그 전형적인 예입니다. 이 기계들은 반도체를 케이스로 감싼 것뿐이라는 생각이 들지도 모릅니다.

물론 가전제품에도 반도체가 사용됩니다. 에어컨에는 팬이나 히터 스위치에 사용되고, 전자레인지에는 가열 장치의 스위치로 사용됩니다. 가전제품 중에서도 타이머를 사용하거나 온도 정보를 통해 출력을 제어하는 경우에 계산하는 반도체가 사용됩니다.

다음으로는 운송 수단에 사용됩니다. 전기 자동차는 물론 휘발유 자동차도 엔진을 전자 제어하기 때문에 반도체를 많이 사용합니다. 전철이나 비행기 역시 반도체 없이는 움직일 수 없습니다.

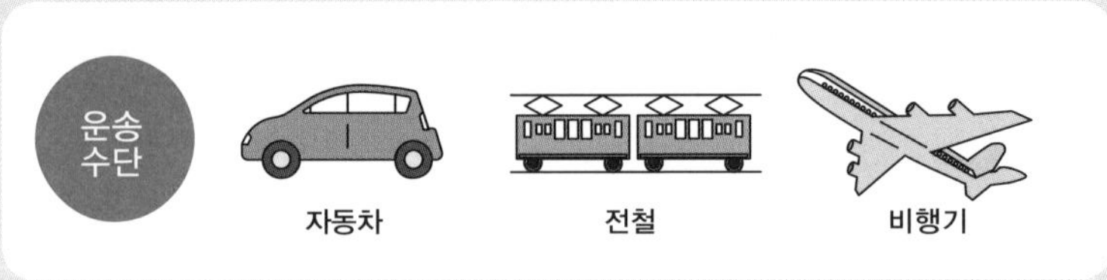

대규모 설비에도 반도체가 필수로 사용됩니다. 발전소와 같이 전기를 다루는 설비, 로봇이나 공장 생산 설비에도 많은 반도체가 사용됩니다.

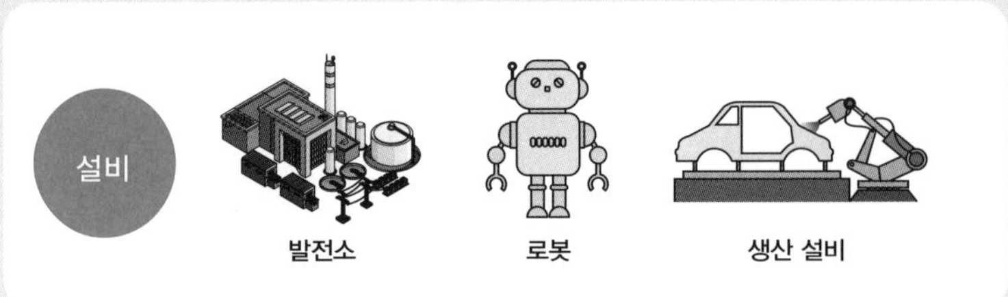

이렇게 나열해 보니 우리의 일상생활은 반도체 없이는 이뤄지지 않는다는 것을 알 수 있습니다.

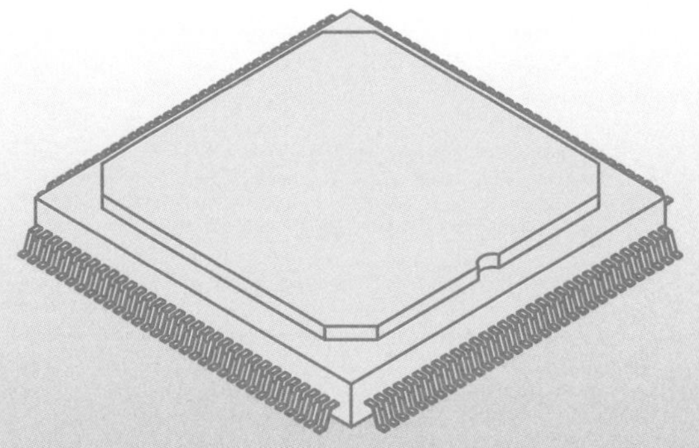

CHAPTER

1

반도체란 무엇인가?

이전에 존재했던 메모리

광석 라디오부터 트랜지스터까지

반도체가 본격적으로 사용되기 시작한 것은 1947년 말 미국에서 트랜지스터가 발명된 이후입니다. 그러나 그 이전에도 반도체와 비슷한 것이 사용되었습니다. 그 대표적인 예로 광석 검파기가 있습니다.

라디오 방송이 시작된 이후, 초반에는 라디오 수신기에 광석 검파기가 사용되었습니다. 검파기란 전파로 전송된 음성이나 음악과 같은 정보 신호를 전파에서 추출하기 위한 소자(장치)로, 천연으로 존재하는 광석을 사용했기 때문에 '광석 검파기'라고 불렸습니다.

그림 1-1은 광석 검파기의 원리를 나타낸 것인데, 방연석 같은 특수 광석에 금속 바늘을 접촉시킨 구조입니다. (그림 1-1 (a))

금속 바늘에서 광석 방향으로는 전류가 흐르기 쉽지만, 반대로 광석에서 금속 바늘 방향으로는 전류가 흐르기 어렵다(그림 1-1 (b))는 성질이 있습니다. 이 성질을 가리켜 정류 특성이라고 하는데, 이것은 반도체의 특징 중 하나입니다.

정류 특성에서 전류가 흐르기 쉬운 방향을 순방향, 전류가 흐르기 어려운 방향을 역방향이라고 합니다. 다시 말해 순방향은 전기 저항이 낮고, 역방향은 높습니다.

그 이유는 나중에 설명하겠지만, 이런 소자가 검파기로 사용됩니다. 그리고 순방향과 역방향에서 저항값의 차이가 클수록 감도 높은 광석 검파기가 만들어집니다.

그림 1-1 • **광석 검파기**

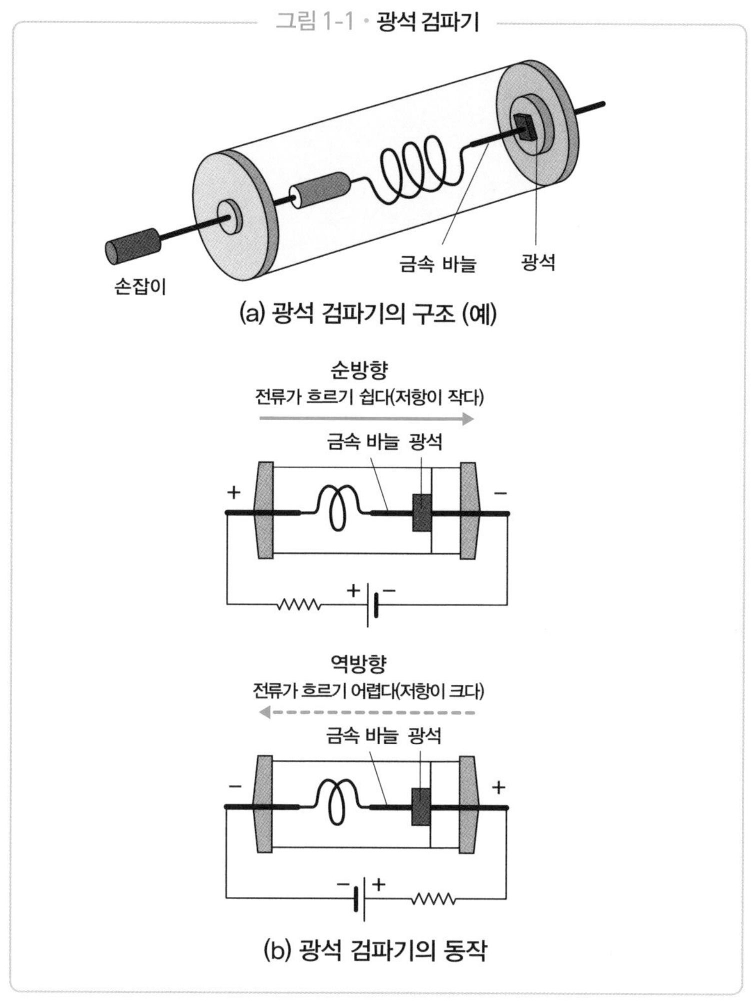

(a) 광석 검파기의 구조 (예)

(b) 광석 검파기의 동작

광석 검파기는 천연 광석을 사용하기 때문에 품질이 일정하지 않고, 바늘을 접촉시키는 위치에 따라 감도가 달라집니다. 그렇기 때문에 바늘을 움직여 감도가 가장 높은 최적의 위치를 찾아내야 한다는 어려움이 있기는 했지만, 간편하고 저렴하며 전력을 사용하지 않기 때문에 초기 라디오에 많이 사용되었습니다.

예전에는 광석 검파기를 사용한 광석 라디오를 직접 제작하는 것이 취미인 십대 청소년이 꽤 있었습니다. 필자 역시 어렸을 때 광석 라디오를 즐겨 만들곤 했습니다. 광석 검파기를 알맞게 조절하면 방송이 또렷하게 잘 들려서 정말 기뻤습니다. 방송 감도를 높이기 위해 직접 여러 가지 아이디어를 내기도 했지요.

그러면 지금부터 검파기를 사용해 전파에서 원래의 정보 신호를 추출하는 원리를 간단하게 설명해 보겠습니다. 그림 1-2는 그 원리를 나타낸 것입니다. 음성이나 음악처럼 주파수가 낮은 파를 전파로 전송할 때는 주파수가 높은 음으로 변환해야 합니다.

이렇게 변환하는 것을 **변조**라고 합니다. 그림에서 정보 신호의 파(그림 ①)와 반송파라고 하는 주파수가 높은 파(그림 ②)를 변조기에 보내면 그림 ③과 같은 파가 됩니다. 이것을 전파로 송신합니다(그림 ④).

이 전파를 수신해서(그림 ⑤) 검파기에 보내면, 검파기는 변조한 파의 플러스 측만 통과시키기 때문에 그림 ⑥과 같은 파가 만들어집니다. 이 파에는 주파수가 낮은 신호파와 높은 반송파가 포함되어 있으므로, 로 패스 필터(주파수가 낮은 파만 통과시키는 필터)를 통과시켜서 원래의 신호파(그림 ⑦)만 추출할 수 있습니다.

앞서 말한 것처럼 진공관 라디오의 전성기가 도래하면서 광석 검파기는 점점 사용되지 않았지만, 제2차 세계대전 때 부활했습니다. 제2차 세계대전에서 활약한 것은 바로 레이더였습니다.

레이더는 그림 1-3에서 볼 수 있듯 주파수가 높은 전파의 펄스를 지향성이 높은 안테나로 상대편을 향해 발사하고, 상대편 물체에 부딪혀 반사되어 돌아온 것을 수신해 그 시간차를 통해 상대편과의 거리와 방향을 측정합니다. 주파수가 높은 전파를 사용하는 것은 주파수가 높을수록 작은 물체까지 정확하게 식별할 수 있기

그림 1-2 · **전파로 송신한 신호를 수신하는 과정**

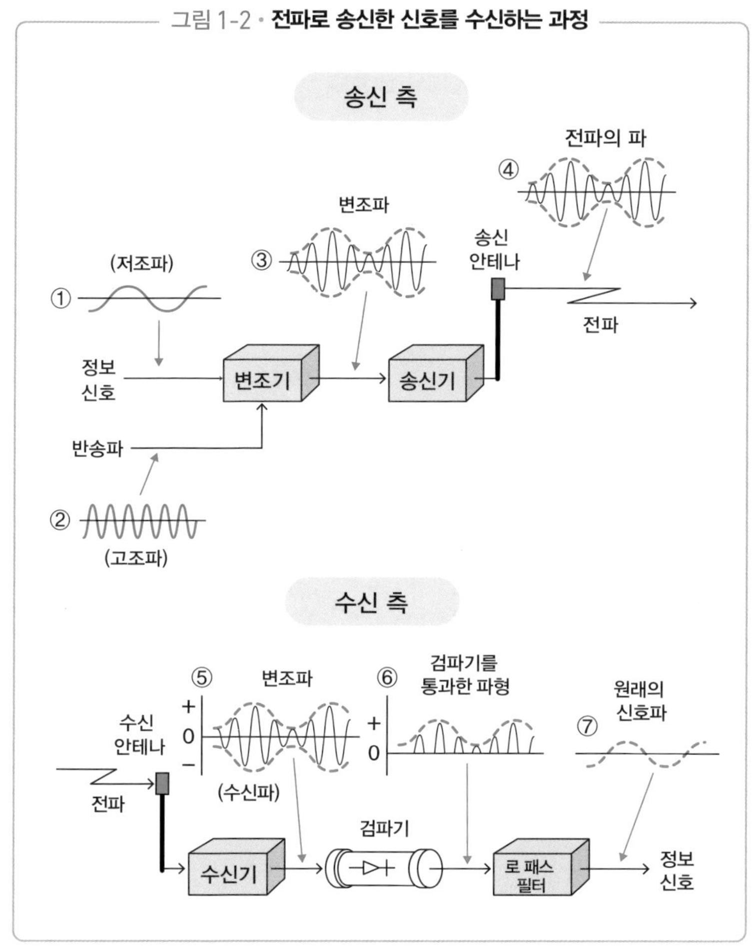

때문입니다.

이 레이더에는 **마이크로파**라고 하는, 주파수 3GHz에서 10GHz 사이의 전파를 사용합니다. 이처럼 주파수가 높은 전파에서 신호를 검출하는 검파기로 진공관을 사용하기에는 사이즈가 크고 정전 용량도 크기 때문에, 고주파에서는 진공관을 사용하기가 쉽지 않았습니다.

여기에서 다시 광석 검파기가 등장합니다. 광석 검파기를 사용하면 바늘이 광석과 점으로 접촉하기 때문에 정전 용량이 작고, 고주파에서도 잘 작동합니다. 다만 앞에서 언급했던 것처럼 광석 검파기는 동작이 불안정하기 때문에 전쟁에서는 그대로 사용할 수 없었습니다.

그래서 유럽과 미국에서는 광석 검파기를 대신하는 새로운 고성능 검파기를 만들기 위해 연구했고, 그 결과 실리콘 결정(반도체)과 금속

그림 1-3 • **레이더의 원리**

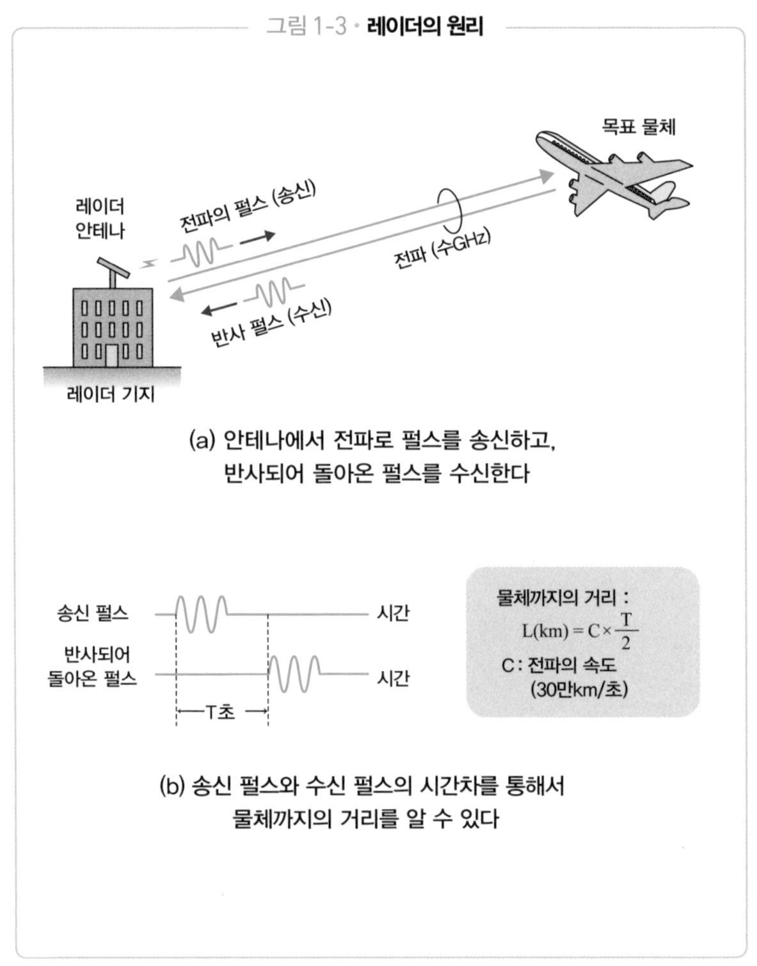

텅스텐 바늘을 조합한 것이 만들어졌습니다.

실리콘 결정은 인공적으로 제조하기 때문에 균질한 결정을 얻을 수 있어서, 광석을 사용했을 때처럼 금속 바늘의 최적의 접촉 위치를 찾고 조절할 필요가 없었습니다. 그리고 많은 연구자들이 레이더용 실리콘 검파기를 연구한 결과, 실리콘 결정이 전형적인 반도체임이 명확해졌습니다.

그렇게 해서 결정의 순도를 높이기 위한 정제 기술이 발전했고, 이것이 전쟁 후에 트랜지스터의 발명으로 이어졌습니다. 이처럼 고성능 검파기가 만들어졌기 때문에, 그때까지는 거의 이용되지 않았던 마이크로파라는 고주파를 이용할 수 있게 되었으며, 이 기술은 전쟁 후 민간에 공개되어 텔레비전 방송이나 마이크로파 통신으로 이어지게 되었습니다. 전쟁은 너무나 큰 재앙이므로 그것을 긍정할 생각은 없지만, 과학 기술의 발전에 공헌했다는 측면은 인정할 수밖에 없군요.

반도체의 특성

온도나 불순물이 전기전도도를 향상시킨다

그러면 반도체에 대해 더욱 자세히 살펴봅시다.

물질을 전기적 성질로 크게 분류하면 전기가 잘 통하는 **도체**와 전기가 통하지 않는 **절연체**로 나눌 수 있습니다.

도체에는 전기 저항이 작고 전기가 통하기 쉬운 금, 은, 구리와 같은 금속이 있습니다. 한편, 절연체에는 전기 저항이 크고 전기가 잘 통하지 않는 고무, 유리, 자기 등이 있습니다.

이러한 물질을 **비저항** ρ(로, 그리스어 문자)로 나타낼 수 있습니다. 비저항의 단위는 Ω·m이며, 값이 크면 클수록 저항이 커집니다. 명확한 정의는 없지만 그림 1-4에서 나타낸 것처럼 도체는 대체로 10^{-6}Ω·m 이하, 절연체는 10^{7}Ω·m 이상의 물질이라고 합니다.

비저항 대신에 **전기전도도**(도전율) σ(시그마, 그리스어 문자)로 나타내는 방법도 있습니다. 전기전도도는 비저항의 역수($\sigma=1/\rho$)이며 단위는 $\Omega^{-1}\cdot m^{-1}$입니다. 다시 말해, 비저항과는 반대로 크기가 커지면 커질수록 저항은 작아집니다.

이에 비해 반도체는 말 그대로 도체와 절연체의 중간 성질을 띠는 물질로, 비저항 도체와 절연체의 중간 정도, 다시 말해 10^{-6}~10^{7}Ω·m가 됩니다. 반도체의 대표적인 물질로는 실리콘(Si)과 저마늄(Ge)이 있습니다.

반도체의 특징은 비저항의 크기 자체보다는 오히려 비저항 값이 온

그림 1-4 · **도체 · 반도체 · 절연체 분류**

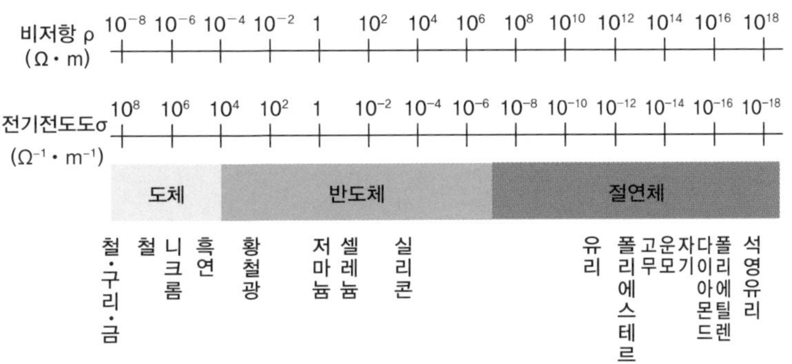

참고: 절연체의 비저항 값은 편차가 크기 때문에 대표적인 값으로 표시함

도나 미량의 불순물에 따라 크게 변화한다는 것입니다. 온도에 따른 변화를 개념적으로 나타낸 것이 그림 1-5입니다. 그림에서는 전기전도도(도전율) σ로 표시했는데, 세로축은 σ 값을 대수 눈금으로 표시했음에 주의하기 바랍니다.

이 그림에서도 알 수 있는 것처럼, 금속은 일반적으로 온도가 상승하면 전기전도도가 저하(비저항이 증가)되지만, 반도체는 반대로 약 200℃ 이하에서는 온도가 상승하면 전기전도도가 크게 증가(비저항이 저하)하는 성질이 있습니다.

이처럼 온도가 상승하면 전기전도도가 높아지는 현상은 1839년에 영국의 과학자 패러데이가 황화은(Ag_2S)를 통해 발견했고, 당시에 그는 이것을 신기한 현상이라고 보고했습니다. 비록 원리는 이해하지 못했지만 이것이 오늘날 반도체가 가진 성질이 처음으로 발견된 사례입니다.

전류는 전자의 흐름이기 때문에 전기전도도가 상승하는 것은 반도

그림 1-5 · **금속과 반도체 전기전도도의 온도 의존성**

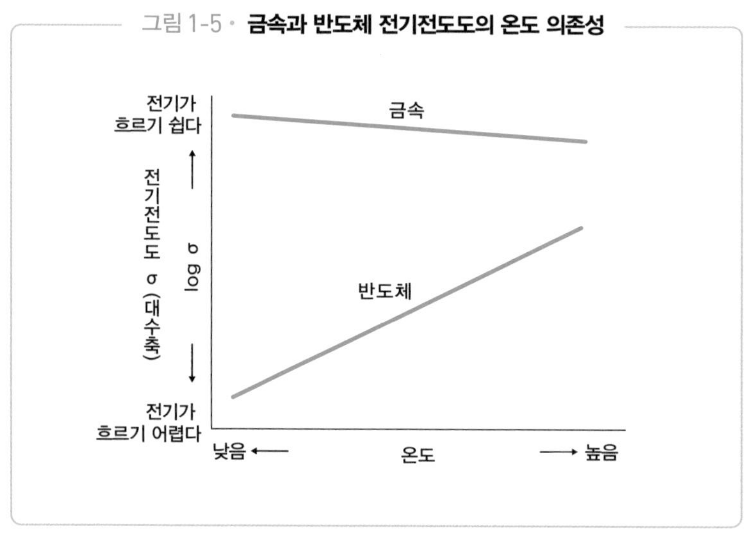

체 안에서 움직일 수 있는 전자 수가 증가한다는 것을 의미합니다. 전자는 원래 반도체 원자의 플러스 전하에 붙잡혀 있기 때문에 자유롭게 움직일 수 없습니다. 그러나 온도가 상승하면 열에너지를 받은 전자는 원자의 속박에서 벗어나 움직일 수 있게 됩니다.

이렇게 자유롭게 움직일 수 있는 전자(자유전자)수가 증가하면 그만큼 전기가 흐르기 쉽게 되며, 전기전도도가 높아집니다. 이것이 반도체가 지닌 큰 특징입니다.

고순도 반도체 결정의 경우, 실온 상태에서는 열에너지가 부족하기 때문에 자유전자가 거의 존재하지 않으며, 절연체라고 생각해도 무방합니다.

그러나 이런 반도체 결정에 극미량의 특정 원소를 불순물(저마늄이나 실리콘 이외의 적절한 원소를 가리킴)로 첨가해 전기가 통하기 쉽게 할 수 있습니다. 이것도 반도체의 큰 특징 중 하나입니다. (자세한 것은 'n형과 p형 반도체'에서 설명하겠습니다.)

반도체의 자유전자는 빛의 에너지에 의해서도 발생합니다.

이 현상을 발견한 것은 1873년 영국의 전기기사인 스미스였습니다. 그는 반도체의 성질을 가진 셀레늄(Se)에 빛을 쬐자 저항이 감소하는 현상을 발견했습니다(내부광전효과).

1907년에는 영국의 라디오 엔지니어인 라운드가 탄화규소(SiC)의 결정에 전압을 가해 에너지를 부여하자 발광하는 현상을 발견했습니다. 이처럼 빛과 전기를 변환할 수 있는 것도 반도체의 특징입니다.

고순도 반도체 결정을 만들다

초크랄스키 공법으로 제작하는 잉곳

트랜지스터나 IC, LSI와 같은 반도체 장치를 만들기 위해서는 매우 높은 순도의 반도체 단결정이 있어야 합니다. 이것을 수치로 표현하자면 99.999999999%(9가 11개 있기 때문에 '일레븐 나인'이라고도 함) 순도의 단결정이 필요합니다.

초기 트랜지스터에는 저마늄을 사용했지만, 최근 반도체 장치에는 특성이 안정적인 실리콘을 많이 사용합니다. 실리콘은 지구상에서 산소에 이어 두 번째 많은 원소로, 자원이 고갈될 걱정도 없습니다. 실리콘은 산화되기 쉽고, 이산화규소(산화막, 유리)의 형태로 모래나 암석 중에 대량 포함되어 있습니다.

반도체 재료로 사용되는 실리콘 결정을 만들기 위해서는 먼저 산화막를 탄소로 고온 환원해서 순수한 실리콘 홑원소물질을 만듭니다. 이 실리콘 홑원소물질에는 여전히 불순물이 포함되어 있기 때문에 염소나 수소 가스와 반응하게 해서 불순물을 제거해 고순도 실리콘 결정(다결정)을 만듭니다. 실리콘을 정제하기 위해서는 대량의 전력이 필요하므로 일본에서는 전력이 비교적 저렴한 호주나 브라질, 중국 등에서 고순도 실리콘을 수입하고 있습니다.

실리콘 다결정을 단결정으로 바꾸기 위해서는 초크랄스키(Czochralski) 공법을 사용하는 경우가 많습니다. 초크랄스키 공법은 그림 1-6에서처럼 정제한 다결정 실리콘을 석영 가마에 채우고 불활성(아르곤) 가스

그림 1-6 • **초크랄스키 공법을 사용한 잉곳 제조**

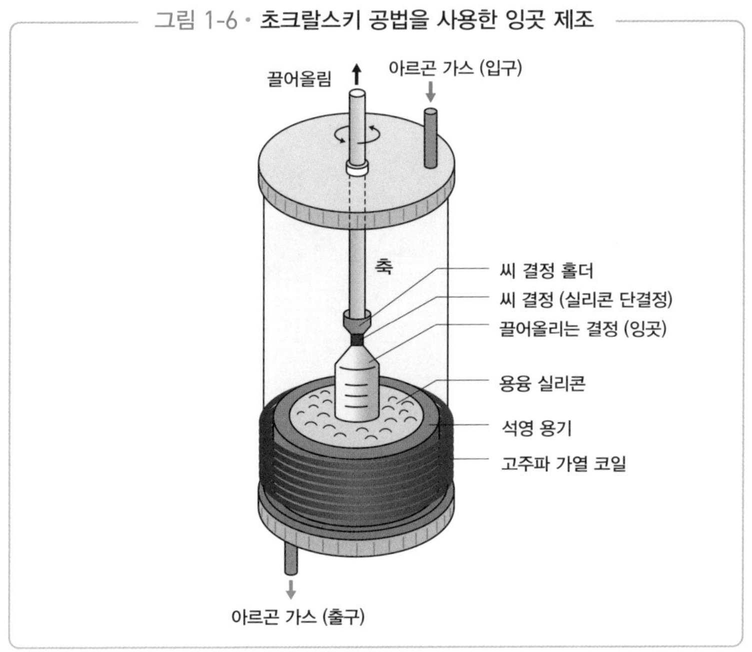

로 채운 석영 관 안에 넣은 다음, 이것을 코일로 가열해 용해하는 방법입니다.

그리고 용기 안에서 용해된 실리콘 표면에 씨 결정 용도로 작은 실리콘 단결정을 접촉시킨 다음, 회전시키며 천천히 끌어올리면 이것이 냉각되어 굳으면서 씨 결정과 같은 원자 배열을 가진 커다란 단결정 덩어리로 커집니다. 이 덩어리가 그림 1-7에서 볼 수 있는 잉곳입니다.

이 과정에서 원래의 실리콘 안에 남아 있던 소량의 불순물은 용해된 실리콘 안에 석출되며, 굳어진 실리콘 결정은 순도가 더욱 높아집니다.

그림 1-7 • **실리콘 단결정과 실리콘 웨이퍼**

잉곳을 두께 1mm 정도로 자른 것이 웨이퍼이며, 웨이퍼를 몇 mm에서 수십 mm 정도로 분할한 것을 칩이라고 합니다. (그림 1-8)

IC나 LSI와 같은 반도체 장치는 이 칩에 형성됩니다. 웨이퍼 한 장에서 얻을 수 있는 칩의 개수는 웨이퍼 지름이 클수록 많아지기 때문에 큰 웨이퍼를 사용하면 제조비용을 저감할 수 있습니다. 그렇기 때문에 지금은 지름이 300mm에 이르는 커다란 잉곳을 만들기도 합니다.

그림 1-8 • **웨이퍼와 칩**

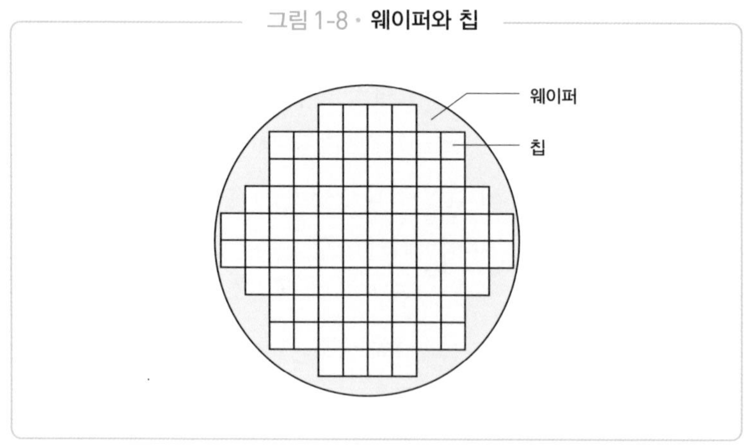

반도체에 포함된 전자

자유전자와 정공이 '전기의 운반책'이 되다

20세기에 실용화된 전자 장비들은 전류의 흐름을 외부에서 자유롭게 제어하는 방식으로 작동합니다.

처음으로 사용된 진공관에는 진공으로 만든 유리관 안에 흐르는 전자를 외부의 전계나 자계를 통해 제어해 다양한 기능을 구현했습니다. 이와 동일한 기능을 반도체로 구현하기 위해서는 반도체 안에 적당한 수의 전자를 존재하게 한 후, 그 흐름을 외부에서 제어해야 합니다.

그럼 반도체 결정 내부에서 전자가 어떤 움직임을 보이는지 살펴볼까요?

반도체의 대표 격인 저마늄과 실리콘을 원소 주기율표에서 살펴보면 같은 족에 속해 있다는 것을 알 수 있습니다. 그림 1-9는 주기율표에서 저마늄과 실리콘을 중심으로 하는 원소 부분을 추출한 것입니다. 주기율표에서는 성질이 비슷한 원소들이 세로로 배치되어 있는데, 이 세로줄에 속한 그룹을 '족'이라고 하고, 1족부터 18족까지 분류되어 있습니다.

그림에 표시된 주기율표는 현재 주로 사용하는 장주기형 주기율표이고, 반도체 관련 서적이나 논문에서는 예전에 사용된 단주기형 주기율표를 사용하는 경우도 많습니다.

단주기형 주기율표는 0족에서 Ⅷ족까지를 분류해 놓은 주기율표

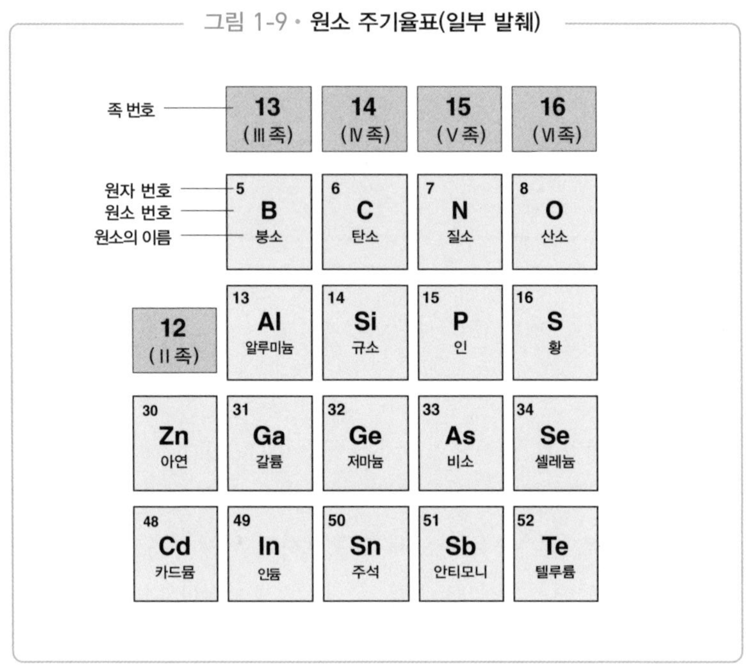

그림 1-9 • **원소 주기율표(일부 발췌)**

로, 장주기형인 11족은 Ⅰ족, 12족은 Ⅱ족, 13족은 Ⅲ족, 14족은 Ⅳ족, 15족은 Ⅴ족, 16족은 Ⅵ족에 해당합니다. 이 책에서는 장주기형과 단주기형을 함께 표기했습니다.

저마늄과 실리콘 모두 14족(Ⅳ족)에 속해 있습니다. 14족에 속한 원자의 특징은 최외각 전자의 수가 네 개라는 점입니다. 그림 1-10은 저마늄과 실리콘의 전자 배열을 나타낸 것으로, 최외각 궤도에 전자가 네 개 들어 있다는 것을 알 수 있습니다.

14족(Ⅳ족) 원소에는 저마늄에 이어 주석(Sn)이 있는데, 주석은 상온·상압에서는 금속으로 존재하고, 일반적으로는 반도체라고 부르지 않습니다.

이 최외각 전자의 궤도에는 여덟 개의 전자가 들어갈 자리가 있기

그림 1-10 • 14족 원소의 전자 배치

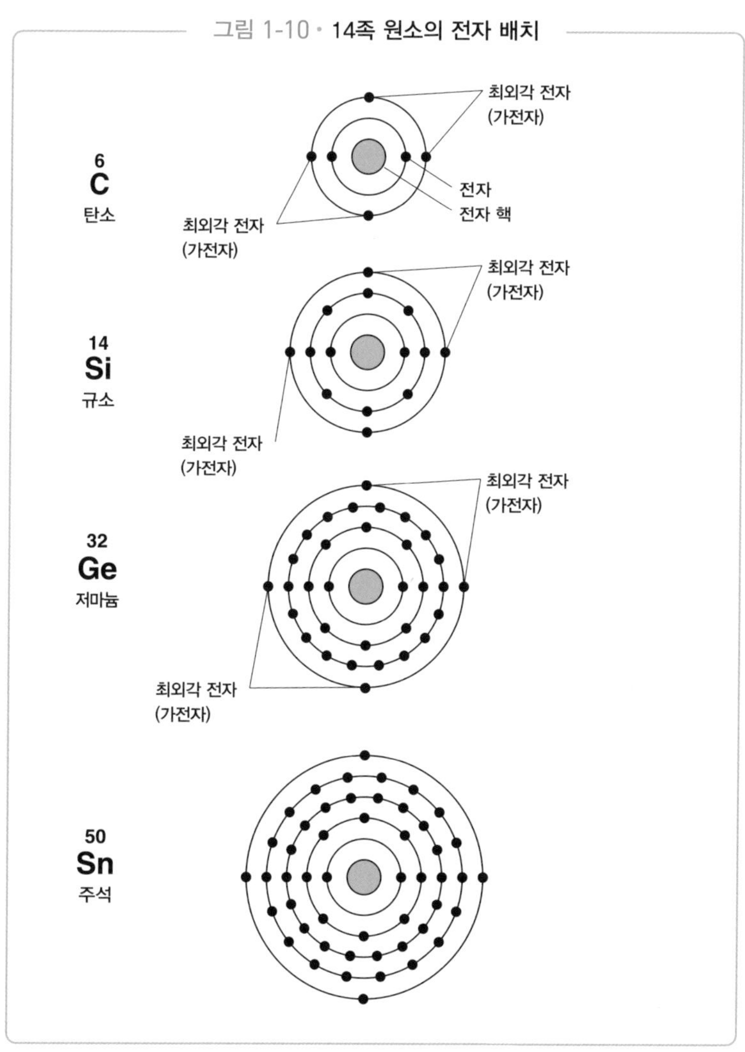

때문에 네 자리는 공석으로 남아 있습니다(그림 1-11 (a)). 이 공석에 인접해 있는 네 개의 원자에서 전자를 하나씩 받아 자리를 채우면 원자끼리 강하게 결합(공유결합)해 결정을 만들 수 있습니다 (그림 1-11 (b)). 이 원리는 실리콘과 저마늄에도 적용됩니다.

실리콘이나 저마늄 결정은 이처럼 원자가 정사면체에 계속 쌓여서

그림 1-11 • 실리콘(Si) 전자의 공유결합

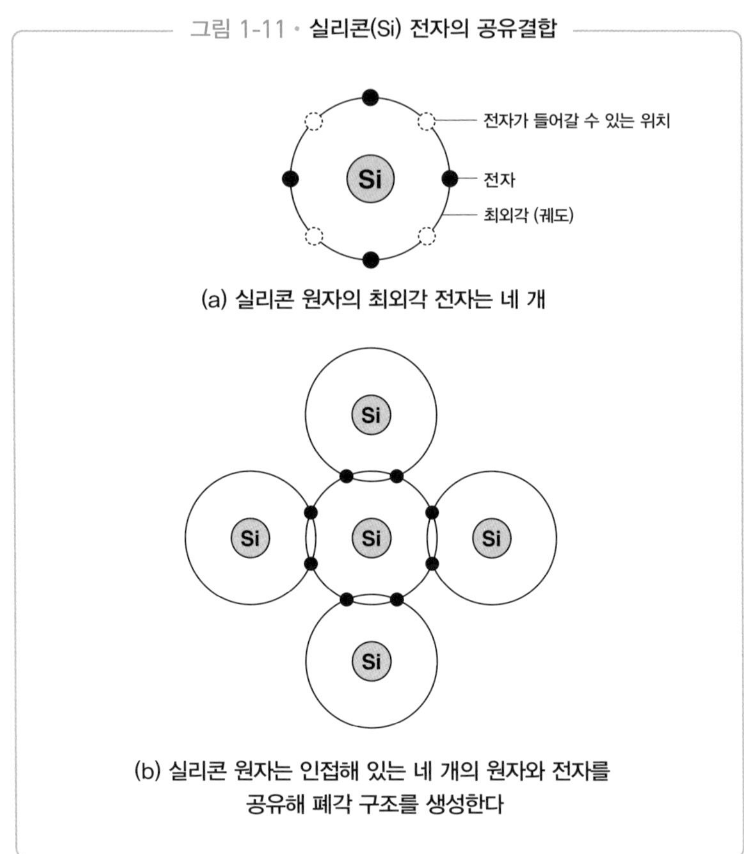

(a) 실리콘 원자의 최외각 전자는 네 개

(b) 실리콘 원자는 인접해 있는 네 개의 원자와 전자를 공유해 폐각 구조를 생성한다

만들어진 거대 분자로, 다이아몬드와 같은 결정 구조이기 때문에 **다이아몬드 구조**라고 불립니다. (그림 1-19)

그림 1-11의 결정 구조에서는 모든 전자가 원자 간 결합에 사용되어 남아 있지 않습니다. 그렇기 때문에 결정 내에서 움직일 수 있는 전자가 없어서 전기가 통할 수 없습니다. 앞에서 언급한 것처럼 고순도 반도체에 전기가 거의 통하지 않는 이유는 이런 원리 때문입니다.

그러나 온도를 상승시키면 원자가 열에너지를 받기 때문에 이 에너지에 의해 그림 1-13과 같이 원자 간 결합의 일부가 끊어져 전자가 비산하며, 결정 내부에서 자유롭게 움직일 수 있게 됩니다. (자유전자) 그러면 마이너스 전자가 들어간 곳에 구멍이 생깁니다. 이것을 플러스 전기의 구멍이라고 해서 **정공**(Hole, 홀)이라고 부릅니다.

그림 1-12 • 실리콘(Si) 전자의 공유결합

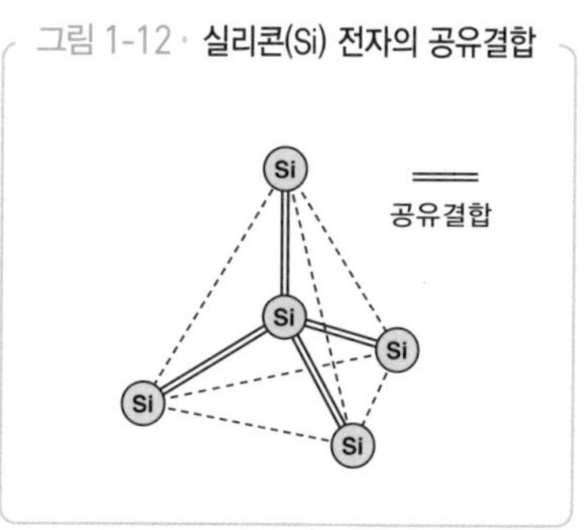

정공은 인접한 원자에서 전자를 빼앗아 올 수 있으며, 그렇게 하면 인접한 원자의 결합부에 정공이 발생합니다. 이처럼 정공도 결정 내를 자유롭게 이동할 수 있습니다. 그렇기 때문에 반도체는 온도가 상승하면 자유전자와 정공 수가 증가하고 전기가 잘 통하게 되어, 그림 1-5에서처럼 전기전도도가 상승하게 됩니다.

표 1-1은 실리콘이나 저마늄 원자 간의 결합 강도를 나타낸 것으로, 저마늄보다 실리콘의 결합이 강하다는 것을 알 수 있습니다. 표에

그림 1-13 • 실리콘 결정 내의 자유전자

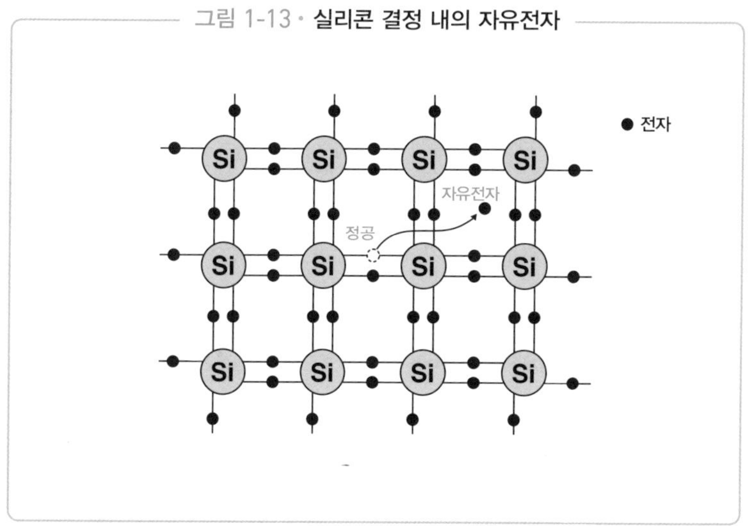

표 1-1 • **결합 에너지 비교**

원자의 결합	결합 에너지(kcal/mol)
C–C	83
Si–Si	53
Ge–Ge	40

는 참고 항목으로 다이아몬드(C)도 포함되어 있는데, 다이아몬드는 결합이 매우 강하다는 것을 알 수 있습니다. 다이아몬드는 경도가 높고 매우 단단합니다.

반도체에서는 이 결합의 강도와 관련된 파라미터인 **띠간격**(Eg)이 중요합니다.

띠간격은 전자가 결합이 끊어져 원자에서 벗어나 결정 내부를 자유롭게 이동하는 자유전자가 되는 데 필요한 에너지라고 생각하면 됩니다. 다시 말해, 결합이 강할수록 띠간격이 커집니다.

표 1-2에는 저마늄, 실리콘, 다이아몬드의 띠간격 값이 표시되어 있습니다. 여기에서 알 수 있는 것처럼 저마늄은 띠간격이 작고 결합이 느슨하기 때문에 온도가 상승하면 열에너지를 받아 자유전자가 만들어지기 쉽습니다. 그렇기 때문에 저마늄 트랜지스터의 경우, 온도가 70℃ 이상이 되면 자유전자가 지나치게 많이 증가해서 정상적으로 작동할 수 없습니다.

이에 비해 실리콘은 띠간격이 크기 때문에 자유전자가 발생하기 어려워서 실리콘의 반도체 소자는 125℃ 정도의 온도에서도 정상적으로 움직일 수 있습니다.

다이아몬드는 띠간격이 매우 크고 결합이 강력합니다. 그렇기 때문

표 1-2 • Ⅳ족 원자의 띠간격

원소	띠간격 Eg(eV)
C	5.47
Si	1.12
Ge	0.66

단위는 eV(일렉트론볼트)
전자 1개가 1V의 전위에서 받는 에너지

에 온도가 실온일 때는 자유전자가 거의 발생하지 않아 절연체가 됩니다. (그림 1-4)

반도체 내부의 자유전자와 정공은 '전기의 운반책' 역할을 하기 때문에 **캐리어**라고 부릅니다. 실리콘이나 저마늄의 결정에는 $1cm^3$당 약 5×10^{22}개의 원자가 있으며, 실온에서 자유전자나 정공이 발생하는 것은 $1cm^3$당 실리콘이 1.5×10^{10}개, 저마늄이 2.4×10^{13}개 정도입니다. 이 정도 캐리어(자유전자와 정공) 수라면 실리콘의 비저항은 $2.3\times10^3\Omega\cdot m$, 저마늄의 비저항은 $0.5\Omega\cdot m$ 정도가 됩니다.

n형과 p형 반도체

무엇을 도핑하는가에 따라 결정된다

고순도 반도체 결정에 극미량의 15족(V족) 원소 중 하나(인(P), 비소(As), 안티모니(Sb) 등)를 **불순물**로 첨가(도핑이라고 함)하면 어떻게 될지 생각해 봅시다.

여기서 말하는 도핑이란 단순히 불순물을 첨가해 섞는다는 의미가 아니라, 불순물의 원자를 원래의 실리콘(또는 저마늄) 원자와 치환해 결정이 되게 하는 것을 의미합니다.

'극미량'이란 원자의 수로 비교했을 때 실리콘(또는 저마늄) 원자의 수 10만 분의 1에서 100만 분의 1 정도에 해당하는 불순물 원자를 의미합니다. 이 정도로 미량이라면 불순물을 첨가한다 해도 결정 구조는 전혀 변하지 않습니다.

15족(V족) 원자(인, 비소 등)는 최외각의 전자 수가 다섯 개라는 특징이 있습니다. (그림 1-14 (a)) 그렇기 때문에 예를 들어 실리콘에 인을 도핑해서 결정화하면, 그림 1-14 (b)에서 볼 수 있는 것처럼 실리콘 원자의 일부가 인 원자와 치환됩니다. 이때, 인 원자는 최외각에 다섯 개의 전자를 가지고 있기 때문에 전자가 하나 남습니다.

이 전자는 원자와 매우 약하게 결합되어 있기 때문에 자유전자가 되어 결정 내부를 돌아다닐 수 있습니다. 마이너스 전기를 가지고 있는 전자가 캐리어가 되기 때문에 이렇게 만들어진 반도체는 **n형 반도체**(n은 'negative(마이너스)'를 의미함)라고 불리며, 전기가 통하기 쉽습니다.

그림 1-14 · 15족(V족) 원소를 도핑하면 n형 반도체가 된다

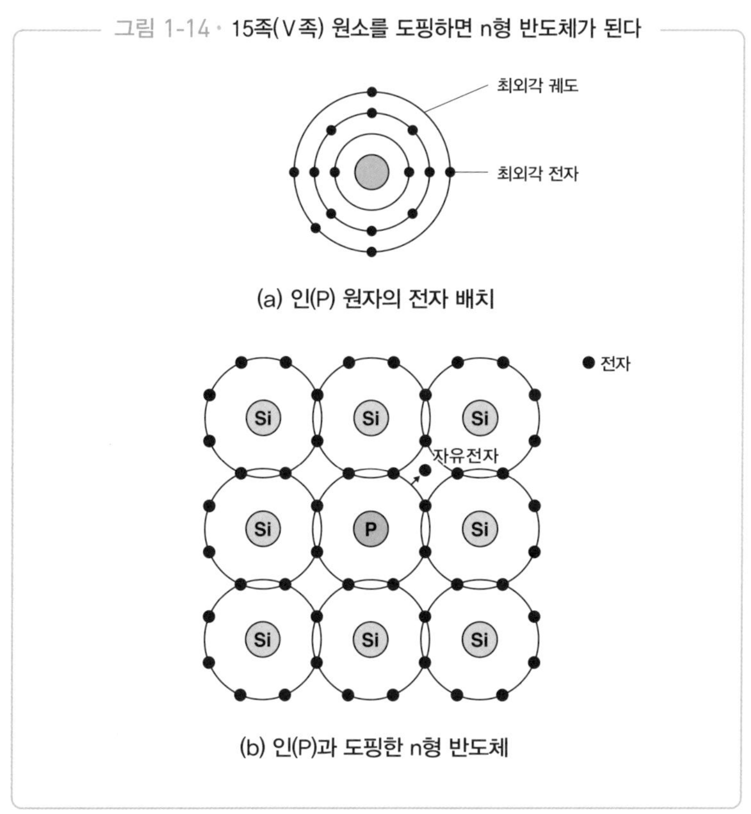

(a) 인(P) 원자의 전자 배치

(b) 인(P)과 도핑한 n형 반도체

이번에는 같은 방법으로 13족(Ⅲ족) 원소 중 하나(붕소(B), 인듐(In) 등)를 도핑해 보겠습니다. 13족(Ⅲ족) 원자는 최외각의 전자 수가 세 개인 것이 특징입니다. (그림 1-15 (a)) 그렇기 때문에 예를 들어 실리콘에 B를 도핑해서 결정화하면 그림 1-15 (b)에서 볼 수 있듯 실리콘 원자의 일부가 B 원자와 치환됩니다. 그러나 B 원자는 최외각에 세 개의 전자만 가지고 있기 때문에 전자가 하나 부족한 상태가 되며, 한 자리가 비어 있는 상태로 정공이 만들어집니다.

이 플러스 전기의 홀이 캐리어가 되기 때문에 이 반도체도 전기가 통하기 쉬워집니다.

그림 1-15 • 13족(Ⅲ족) 원소를 도핑하면 p형 반도체가 된다

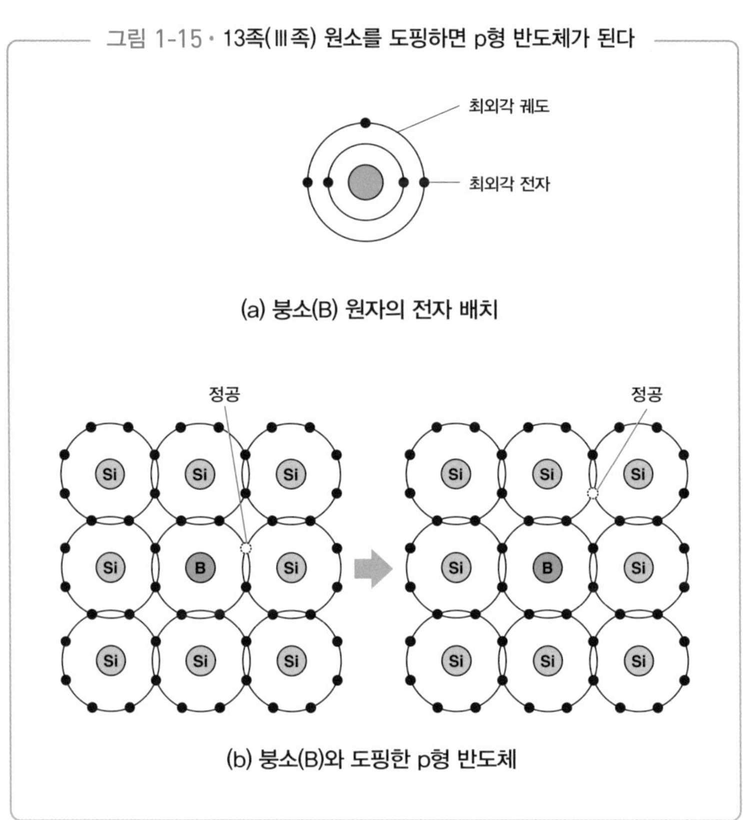

(a) 붕소(B) 원자의 전자 배치

(b) 붕소(B)와 도핑한 p형 반도체

이렇게 만들어진 반도체는 **p형 반도체**(p는 'positive(플러스)'를 의미함)라고 합니다.

이때 전기가 통하기 쉽게 만들기 위해서는 도핑한 13족(Ⅲ족) 또는 15족(Ⅴ족) 원소의 원자가 실리콘이나 저마늄 원자와 제대로 치환되어 깨끗한 결정을 생성해야 합니다. 아무 원소나 다 사용할 수 있는 것은 아니라는 의미입니다.

도핑하는 불순물의 양은 원자 수로 $1cm^3$당 10^{15}개, 많아도 10^{16}개 이하(10^{18}개 이상이면 거의 도체가 됨)입니다. 이처럼 중요한 역할을 하는 불순물 원소의 수는 불순물을 전혀 포함하지 않는 진성 반도체 원자의

수 5×10^{22}개보다 6~7자리나 적기 때문에 사용하는 반도체를 일레븐 나인 상태의 초고순도로 정제해서 불순물을 제거할 필요가 있습니다.

n형 반도체와 p형 반도체 모두 캐리어 수는 도핑한 불순물 원소의 수와 같습니다. n형 반도체의 캐리어는 전자이며, p형 반도체의 캐리어는 정공입니다.

그러나 n형과 p형에는 모두 온도로 인한 열에너지로 생성된 전자와 정공의 쌍이 존재하며, 이는 캐리어가 됩니다. 그러나 그 수는 도핑한 불순물의 수보다 몇 자리나 적기 때문에 주요 캐리어가 될 수는 없습니다. 그래서 n형 반도체의 다수 캐리어는 전자이고 소수 캐리어는 정공이며, p형 반도체의 다수 캐리어는 정공, 소수 캐리어는 전자가 됩니다. 이 n형 반도체와 p형 반도체를 잘 조합하면 트랜지스터를 시작으로 하는 다양한 반도체 장치를 제작할 수 있습니다.

p형과 n형 반도체를 접합한 다이오드

정류기 및 검파기로 활용

앞에서 반도체에는 p형과 n형이 있다고 했습니다. 그런데 p형 반도체 혹은 n형 반도체 단독으로는 아무런 역할을 할 수 없으며, 이 두 가지를 접합해야 다양한 기능을 실현할 수 있습니다.

여기에서 '접합'이란 '연결해서 잇는다'는 의미인데, 단순히 두 개의 반도체를 압착하거나 접착제로 붙이는 방법을 의미하지 않습니다. 접합은 한 반도체 결정 안에 그림 1-16 (a)에서처럼 p형과 n형 영역이 동일한 결정으로 연속적으로 연결되는 것을 의미합니다.

이 p형과 n형 영역이 연결된 부분을 pn 접합이라고 하며, 이 경계면을 '접합면'이라고 합니다. 이런 방법으로 p형 반도체와 n형 반도체를 접합시키면 가장 기본적인 반도체 소자인 (pn 접합) **다이오드**가 만들어집니다.

p형 반도체 내부에서는 플러스 전기를 가진 정공이 움직이며, n형 반도체 내부에서는 마이너스 전기를 가진 전자가 움직이고 있습니다. 그러면 다이오드 내부에서는 정공과 전자가 접합면을 넘어서 각각의 영역에 들어가 플러스와 마이너스가 상쇄되어 아무것도 없게 될 것이라고 추측할지도 모릅니다. 그러나 실제로는 접합면에 전기적인 벽이 존재하기 때문에 정공이나 전자가 이 벽을 통과해 자유롭게 왕래할 수 없습니다.

그림 1-16 • pn 접합 다이오드의 구조와 동작

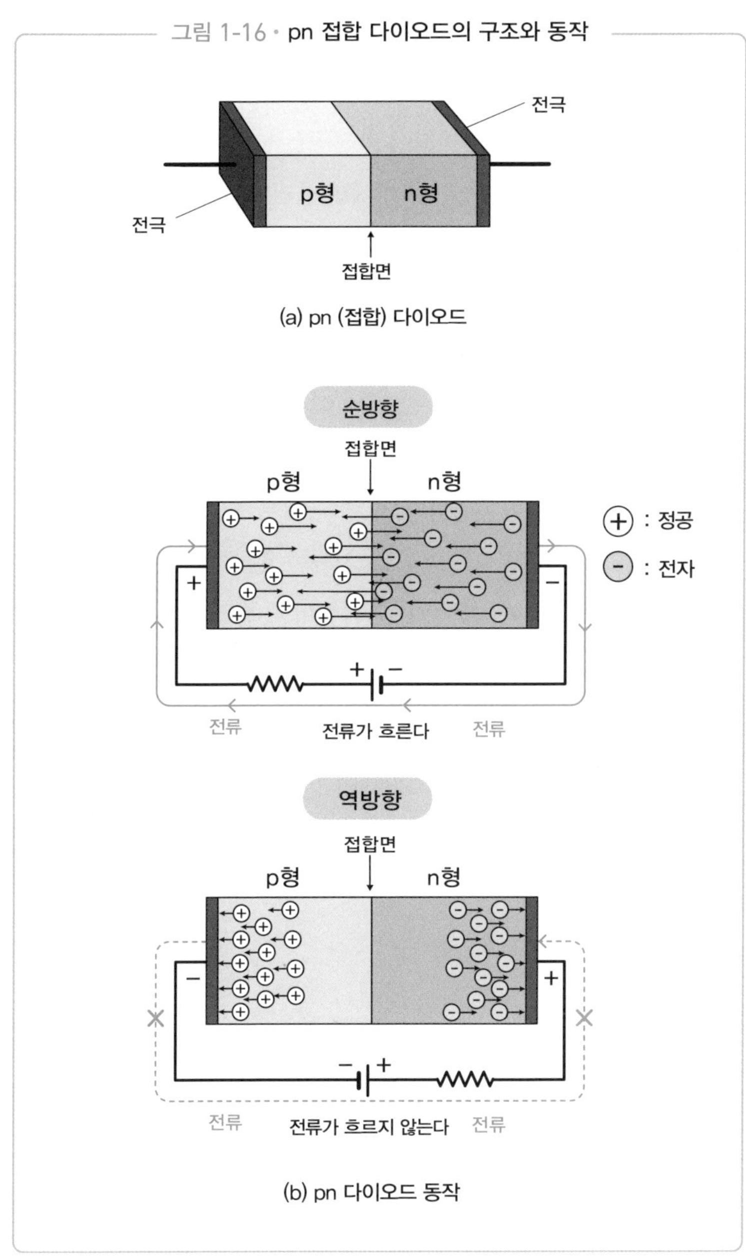

지금부터 그림 1-16(b 상단)처럼 p형 측을 플러스, n형 측을 마이너스로 해서 전압을 거는 경우를 생각해 봅시다. 이것을 **정방향 바이어스**라고 하며 p형 반도체의 캐리어인 정공은 마이너스 전극 방향 접합면의 벽을 넘어 이동하고, n형 반도체의 캐리어인 전자도 마찬가지로 플러스 전극 방향으로 이동합니다. 그 결과, p형에서 n형 방향으로 전류가 흐르게 됩니다.

반대로 그림 1-16(b 하단)처럼 p형 측을 마이너스, n형 측을 플러스로 해서 전압을 건 상태를 **역방향 바이어스**라고 합니다. 이때, p형 반도체의 정공은 마이너스 전극을 향해 이동하며, n형 반도체의 전자는 플러스 전극을 향해 이동합니다. 그렇기 때문에 접합부 부근에는 캐리어가 적은 '절연 영역'이 생성되고, 전류가 흐르지 않습니다.

그림 1-17은 다이오드의 전압과 전류의 특성을 나타낸 것으로, 전

그림 1-17 • pn 접합 다이오드의 전압 · 전류 특성

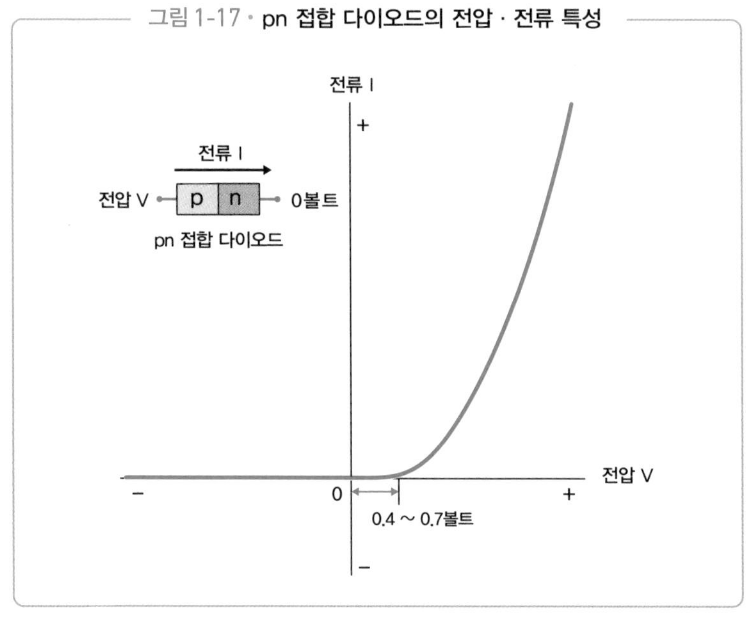

압(가로축)의 플러스 측이 정방향 바이어스, 마이너스 측이 역방향 바이어스입니다. 정방향 바이어스에서는 전압이 약 0.4에서 0.7 볼트 이상이 되면 큰 전류가 흐르기 시작하는데, 이것은 pn 접합면의 전기적인 벽을 넘는 데 필요한 전압입니다.

한편 역방향 바이어스에서는 전압을 상승시켜도 전류가 흐르지 않습니다. 그러나 전압을 너무 많이 상승시키면 역방향 항복 전압이라고 하는 현상이 발생해서 대량의 전류가 흐르게 됩니다.

이처럼 다이오드는 정류 작용을 하기 때문에, 교류를 직류로 변환하는 정류기나 전파에서 신호를 추출하기 위한 검파기로 이용할 수 있습니다.

다이아몬드는 반도체인가?

궁극적인 반도체가 될 가능성

원소 주기율표(그림 1-9)를 살펴보면, 실리콘이나 저마늄과 동일한 14족(IV족) 원소가 있고, 가장 위에 탄소(C)가 있습니다. 탄소 역시 최외각 전자를 네 개 가지고 있으며(그림 1-10), 실리콘이나 저마늄과 마찬가지로 공석이 네 개 있습니다.

탄소는 먼 옛날부터 목탄 형태로 사용된 원소입니다. 그 대표적인 홑원소물질(단일 원소의 원자로 구성된 물질)로는 흑연과 다이아몬드가 있으며, 이들을 가리켜 '동소체'라고 합니다. 카본의 동소체로는 나중에 발견된 풀러렌이나 카본 나노 튜브가 있습니다.

흑연은 탄소 원자가 평면상에 정육각형을 이루며 배열된 구조로 (그림 1-18), 평면과 평면 간의 결합이 분자 간의 약한 힘으로만 이어져 있기 때문에 끊어지기 쉽다는 성질이 있습니다. 또한 흑연은 전기가 잘 통한다는 특징도 지니고 있습니다. (그림 1-4) 그 이유는 탄소 원자의 최외각에 있는 네 개의 전자 중에서 세 개는 인접해 있는 탄소 원자와 공유결합을 이루고 있지만, 남은 하나의 전자는 결합을 이루지 않고 자유전자처럼 행동하기 때문입니다.

한편 다이아몬드는 그림 1-19에서 볼 수 있듯 탄소 원자가 정사면체 형태로 차례로 겹쳐져 만들어진 거대한 분자로, 네 개의 최외각 전자가 모두 공유결합에 사용됩니다. 이 그림에 표시된 정사면체 구조는 그림 1-12의 실리콘 또는 저마늄의 결정 구조와 완전히 동일하며,

그림 1-18 • **흑연(그래파이트)의 결정 구조**

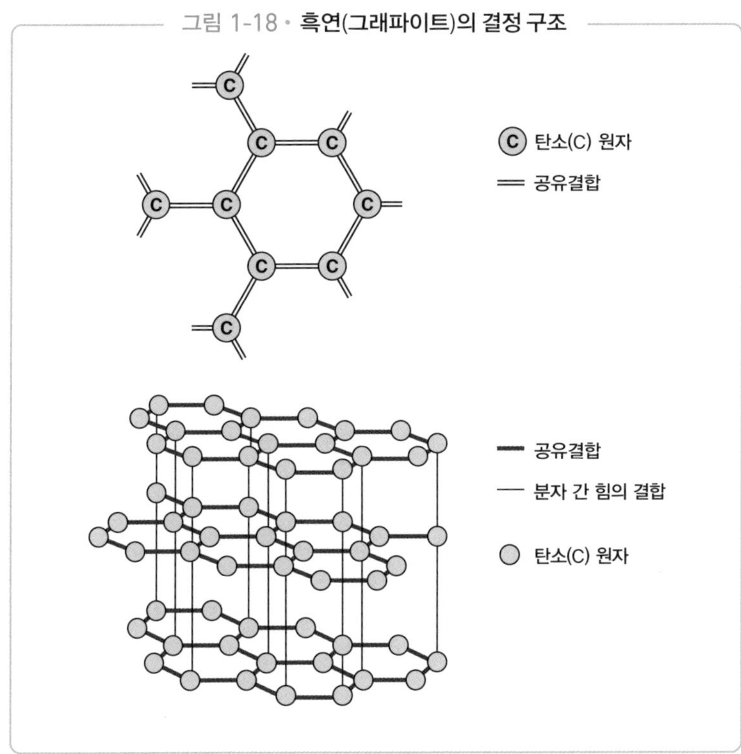

그림 1-19 • **다이아몬드 구조**

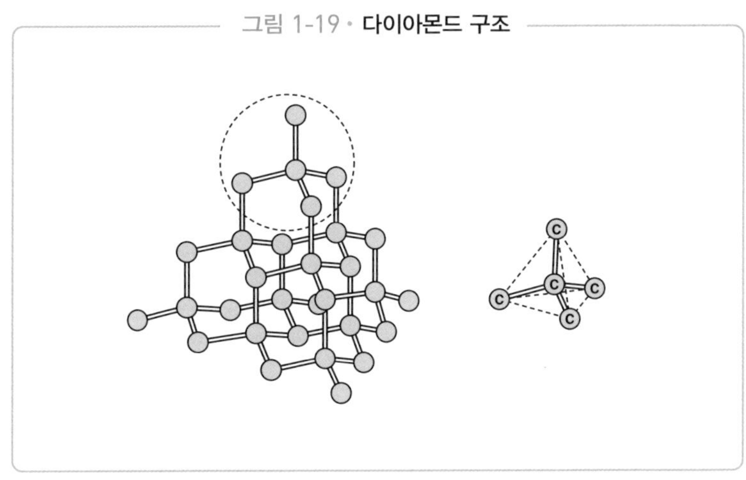

'다이아몬드 구조'라고 불립니다. 따라서 다이아몬드도 반도체로 이용할 수 있는 가능성이 있습니다. 그러나 표 1-2에서 설명한 것처럼 원자 간 결합이 단단하고, 띠간격이 매우 크며, 실온에서는 자유전자가 거의 발생하지 않는다는 특징이 있습니다. 그렇기 때문에 일반적인 환경에서는 절연체로 존재합니다.

천연 다이아몬드 중에는 붕소(B)를 극미량 포함한 경우가 있습니다. 이 경우에는 앞에서 설명한 것처럼 p형 반도체의 성질을 지니고 있습니다. 마찬가지로 다이아몬드에 인(P)을 도핑하면 n형 반도체가 됩니다. 그러나 다이아몬드는 결정이 단단하기 때문에 다이아몬드 격자에 흠집을 내지 않으면서 이 원소들을 도핑하기란 쉽지 않습니다.

다이아몬드가 가진 반도체의 성질을 다른 반도체와 비교해 보면, 매우 뛰어난 특성을 가지고 있다는 것을 알 수 있습니다. 띠간격이 크고(고온, 고전압에 견딜 수 있음), 절연 파괴 전압이 실리콘의 약 30배(고전압에서도 사용할 수 있음)이며, 열전도율이 실리콘의 약 13배(방열성이 높음)라는 매우 뛰어난 성능을 가진 재료이기 때문에 궁극적인 반도체라고 할 수 있습니다. 그러나 대형의 고품질 단결정 기판을 제작하는 것이 쉽지 않기 때문에 실용화되려면 시간이 더 필요할 것입니다.

한편, 실리콘과 탄소 원자를 일대일로 구성한 **실리콘카바이드**(SiC)는 다이아몬드보다 취급하기가 쉬우면서 다이아몬드의 특징을 어느 정도 가지고 있습니다. 그렇기 때문에 고온, 고전압에서의 내성이 중요한 대용량 전력을 취급하는 전원 장치 분야를 중심으로 실리콘카바이드 반도체의 활용도도 범주를 넓히고 있습니다.

화합물반도체

고속 트랜지스터 및 LED를 제작할 수 있다

지금까지는 저마늄이나 실리콘과 같은 14족(Ⅳ족) 원소로 구성된 홑원소물질 반도체에 대해 살펴보았습니다. 그런데 그밖에도 여러 원소를 조합해 화합물로 만든 반도체(화합물반도체)도 존재합니다. 앞서 소개한 실리콘카바이드 역시 화합물반도체 중 하나입니다.

그림 1-9의 원소 주기율표를 다시 한 번 살펴봅시다. 이 중에서 13족(Ⅲ족) 갈륨과 15족(Ⅴ족) 비소를 일대일로 조합해 결정을 만들면, 갈륨이 가지고 있는 최외각 전자 세 개와 비소가 가지고 있는 최외각 전자 다섯 개가 그림 1-20과 같이 결합하여, 여덟 개의 전자가 들어갈 수 있는 자리를 채울 수 있습니다. 이것을 **갈륨비소**(GaAs) 화합물반도체라고 합니다.

주기율표에서 저마늄의 앞뒤에 있는 갈륨과 비소는 둘 다 그 자체로는 반도체가 아닙니다. 그러나 이 둘을 반응시켜 결정을 만들면 반도체(화합물반도체)가 만들어지게 됩니다.

화합물반도체란 단일 원소가 아니라 여러 원소로 구성된 반도체를 말합니다. 그러나 아무 원소나 조합할 수 있는 것은 아니고, 결과적으로 원소끼리 14족(Ⅳ족)의 원소 반도체와 동일한 공유결합을 하고, 결합한 후에는 바깥쪽 궤도의 전자 배치도 동일해야 합니다.

그렇기 때문에 원소의 조합이 필연적으로 결정될 수밖에 없습니다. 즉, 각 원소의 최외각 전자 개수의 합이 8이 될 것, 다시 말해 최외각

그림 1-20 • 갈륨비소(GaAs)의 결정 구조

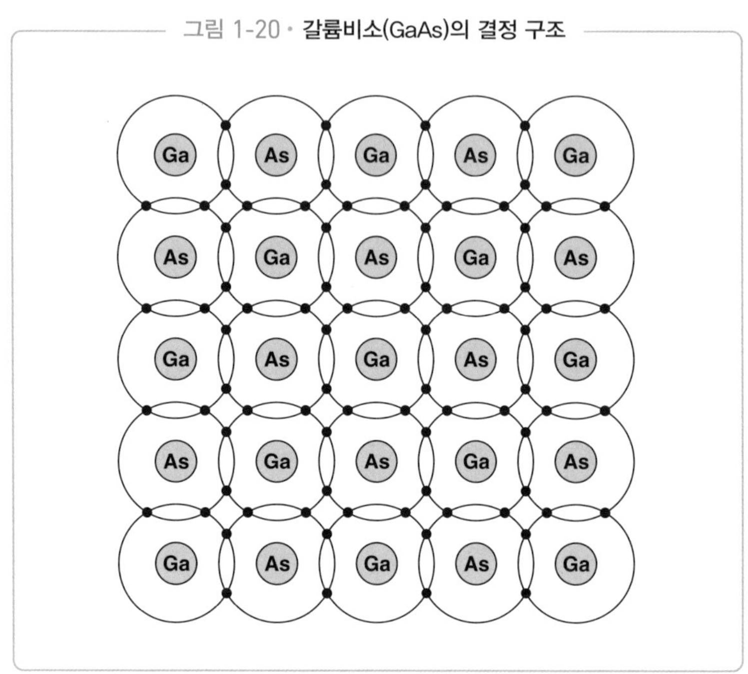

전자의 수가 4와 4, 3과 5, 2와 6인 원소의 조합으로만 한정된다는 것입니다. 이를 바꿔 말하면 원소 주기율표의 14족(Ⅳ족)끼리, 13족(Ⅲ족)과 15족(Ⅴ족), 12족(Ⅱ족)과 16족(Ⅵ족)의 조합에 해당합니다.

위에서 언급한 갈륨비소는 Ⅲ족과 Ⅴ족의 조합이기 때문에, Ⅲ-Ⅴ족 화합물반도체라고 불립니다. Ⅱ-Ⅵ족 반도체에는 셀레늄화아연(ZnSe)이 있습니다.

나아가 두 원소의 화합물뿐만 아니라 원소 세, 네 개를 조합한 화합물반도체도 있습니다. 예를 들어 알루미늄갈륨비소는 세 개의 원소로 구성된 화합물반도체인데, 알루미늄과 갈륨은 모두 13족(Ⅲ족) 원소이기 때문에 이 경우도 Ⅲ-Ⅴ족 화합물반도체에 해당합니다. 알루미늄과 갈륨의 혼합 비율을 바꾸면 전기적 성질에 약간 차이가 있는 반도체가 만들어지기 때문에 목적과 용도에 맞게 필요한 성질을 갖춘 반도체를 만들 수 있습니다.

두 개 이상의 원소를 조합한 경우, 반도체로 사용할 수 있으려면 안정적이고 선명한 결정을 만들어야 합니다. 화합물반도체의 예는 그림 1-21에서 살펴볼 수 있습니다.

그림 1-21 • 화합물반도체의 예

족	원소 수	예
Ⅲ－Ⅴ족	2원소	GaAs, GaN, GaP, InP, InSb
	3원소	AlGaAs, InGaAs, InGaP,
	4원소	AlGaAsP, GaInAsP
Ⅱ－Ⅵ족	2원소	CdS, ZnSe
Ⅳ－Ⅳ족	2원소	SiC

일반적으로 화합물반도체는 높은 품질의 결정을 만드는 것이 쉽지 않으며, 비용이 많이 든다는 단점이 있습니다. 그러나 기존의 저마늄이나 실리콘이 가지고 있지 않은 다음과 같은 뛰어난 특징도 지니고 있습니다.

① 고속·고주파 동작

반도체 결정 내에서 전자가 이동하는 속도(전자 이동도)가 빠른 것을 만들어야 합니다. 예를 들어, 대표적인 화합물반도체인 갈륨비소는 전자 이동도가 실리콘의 약 다섯 배 정도이기 때문에 고속·고주파 트랜지스터를 제작할 수 있습니다.

② 발광 현상

반도체는 전압을 걸면 빛을 내는 성질이 있지만, 모든 반도체가 효율적으로 빛을 내는 것은 아닙니다. 실제로 실리콘이나 저마늄은 빛을 내기가 어렵습니다. 이에 비해 화합물반도체 중에는 효율적으로 빛을 내는 것이 많기 때문에 **발광 다이오드**(LED)나 **반도체 레이저** 등에 활용할 수 있습니다.

③ 높은 내열성과 내압성

저마늄이나 실리콘 같은 반도체는 고온·고전압에 잘 견디지 못합니다. 그러나 질화갈륨 같은 띠간격이 큰 화합물반도체는 고온·고전압에 강하며 전력이 큰 경우에도 사용할 수 있습니다. 그렇기 때문에 전원 장치 재료로도 사용이 가능합니다.

④ 자기 특성

물질에 흐르는 전류에 대해 수직 방향으로 자계를 걸면 이 둘에 직교하는 방향으로 전압이 발생하는 현상(홀 효과)이 발생합니다. 이 현상은 자속계나 전력계에 활용할 수 있습니다. 그리고 화합물반도체 중에는 이 현상이 강하게 발생하는 것이 있습니다. 그렇기 때문에 갈륨비소와 같은 화합물반도체로 홀 효과를 응용해 계측용 소자를 제작할 수 있습니다.

원자의 구조

원자는 양자와 중성자로 구성되는 원자핵과 그 주변을 도는 전자로 구성되어 있으며, 전자의 수는 원소마다 정해져 있습니다. 그림 1-9의 원소 주기율표에 있는 각 원소들을 살펴보면 왼쪽 상단에 숫자가 적혀 있는 것을 볼 수 있습니다. 이 숫자는 원자 번호인데, 해당 원소의 전자 수(와 동시에 원자핵 안에 포함된 양자의 수)와 동일합니다.

전자는 정해진 궤도에서만 돌 수 있고, 그 이외의 장소에서는 존재할 수 없습니다. 전자의 궤도는 원자핵 주변에 있는 전자각(줄여서 '각'이라고 함)이라고 불리는 몇 개의 층으로 나뉘어 존재합니다.

핵은 그림 1-A에서 볼 수 있듯 원자핵에 가까운 것부터 K각, L각, M각, N각, …처럼 알파벳 K부터 차례로 이름이 붙여져 있습니다. 각각

그림 1-A • **원자의 구조**

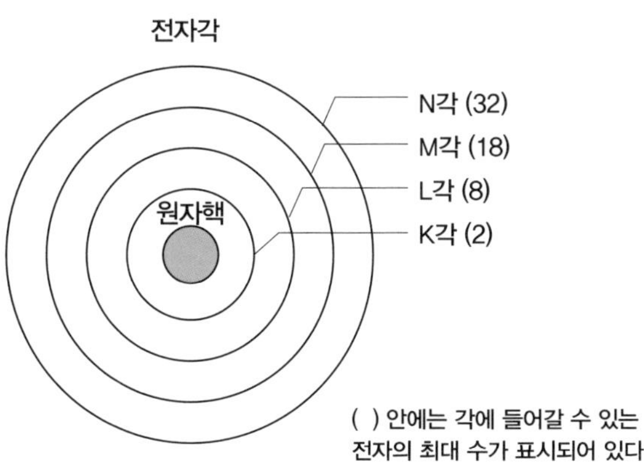

의 각에는 전자가 들어갈 수 있는 '자리' 수가 정해져 있으며, K각에는 2자리, L각에는 8자리, M각에는 18자리, N각에는 32자리, …가 있습니다.

전자는 안쪽에서부터 차례대로 자리를 채워 나가며, 안쪽 각이 꽉 차게 되면 그다음 각의 빈자리에 들어갑니다. 이렇게 전자가 자리를 채워나갈 때, 원자의 가장 바깥쪽 각(최외각)에 있는 전자는 다른 원자와 결합하기 위한 중요한 역할을 수행합니다. 그렇기 때문에 최외각 전자의 수가 해당 원자의 과학적인 성질을 결정하는 것입니다. 바꿔 말하면 화학 반응은 최외각 전자의 교환과 관련이 있습니다. 이러한 반응에 관련된 최외각 전자를 가리켜 **가전자**라고 합니다.

그림 1-A에서는 각만 언급했지만, 실제로는 각 안에 몇 개의 전자 궤도가 있으며 안쪽에서부터 s, p, d, f라는 기호가 부여되어 있습니다. 각각의 궤도에 들어갈 수 있는 전자의 최대 수(자리의 수)가 정해져 있고, 궤도는 각마다 1s, 2s, 2p, 3s, 3p, 3d, …처럼 기호로 나타냅니다.

이 책에서 자주 거론하는 실리콘을 예로 들어 보면 14개의 전자는 안쪽 궤도에서부터 들어가고, K각의 s 궤도(1s)에 2개, L각의 s 궤도(2s)에 2개, p 궤도(2p)에 6개, M각의 s 궤도(3s)에 2개, p 궤도(3p)에 2개가 들어갑니다. 이를 가리켜 '$1s^2 2s^2 2p^6 3s^2 3p^2$'라고 표기합니다. 이 표기법을 보면 각 원자의 전자가 어느 궤도에 몇 개 들어가 있는지 쉽게 알 수 있습니다.

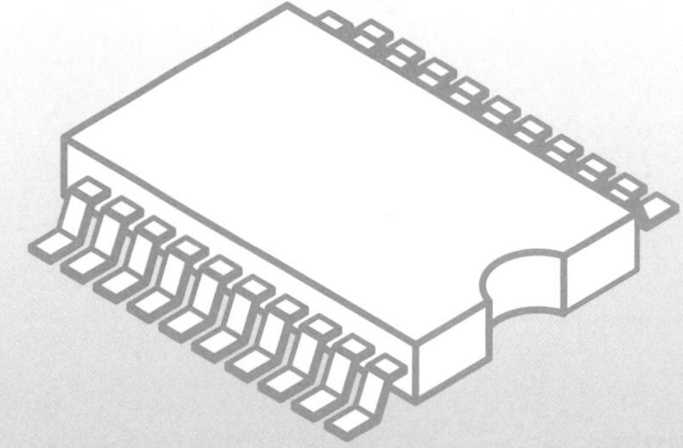

CHAPTER

2

트랜지스터 제작법

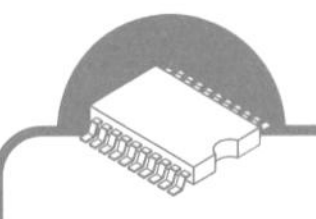

트랜지스터를 발명한 세 남자

쇼클리, 바딘, 브래튼과 그들을 이끈 켈리의 공적

미국에 벨 전화연구소(BTL, Bell Telephone Laboratories, 통칭 '벨 연구소')라고 하는, 통신 분야의 세계 최대 연구소가 있었습니다. 이곳은 노벨상 수상자를 여러 명 배출한 위대한 연구소였습니다.

전화를 발명한 알렉산더 그래햄 벨(Alexander Graham Bell)이 설립한 전화회사인 미국 전화전신회사(AT&T, American Telephone and Telegraph Company) 산하에 있었으며, 통신 기계 업체인 웨스턴 일렉트릭(WE, Western Electric)과 함께 '벨 시스템'이라고 하는 거대한 기업 단체를 형성했습니다. (그림 2-1)

제2차 세계대전이 발생하기 전인 1935년경, 벨 연구소에서 전자관 연구부장을 맡은 켈리(M. J. Kelly)는 급증하는 전화 수요에 대처하기 위해 미국 전체를 연결할 수 있는 네트워크를 만들기 위해 고민했습니다.

전화의 음성 신호를 케이블로 전송하면 신호가 점점 약해지고, 결국 소리가 들리지 않게 됩니다. 그렇기 때문에 케이블 내부에 증폭기를 삽입해 신호 강도를 원래대로 강하게 만들어야 합니다. 이 증폭기에는 진공관을 사용했습니다. 넓은 미국 대륙 전체에 적용하기 위해서는 증폭기는 물론 이에 사용하는 진공관도 어마어마하게 많이 필요했습니다.

진공관에는 몇 가지 결점이 있었습니다. 가장 큰 결점은 수명이 짧

그림 2-1 • 1984년 이전의 벨 시스템

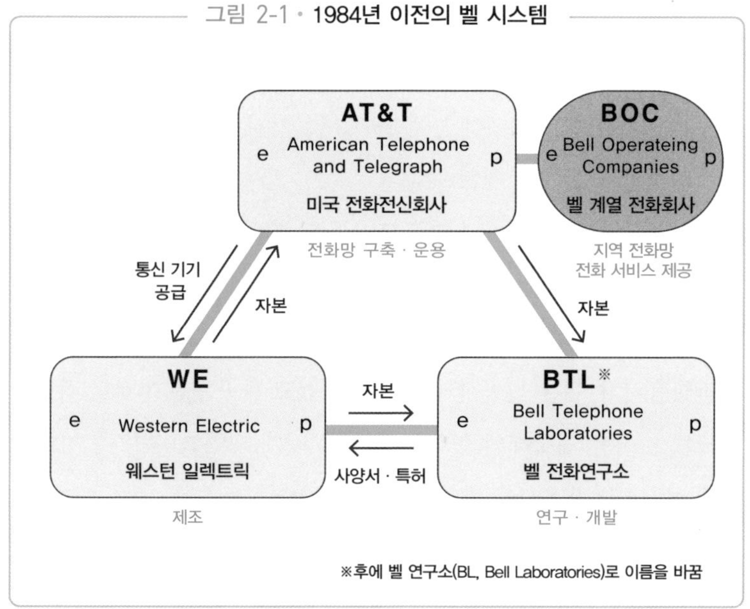

다는 것이었습니다. 진공관 내부에는 필라멘트가 있고, 전기로 가열해 사용하기 때문에 필라멘트가 끊어지면 진공관을 교체해야 합니다. 가정에서 사용하는 백열전구를 오래 사용하면 필라멘트가 끊어져 더 이상 사용할 수 없는 것과 마찬가지입니다.

당시 진공관의 수명은 평균 3천 시간(4개월)이었고, 길어도 5천 시간(7개월) 정도였습니다. 이 정도의 수명이라면 끊어진 진공관을 연간 상시 교체해야 했습니다. 진공관 필라멘트를 가열하기 위해 꽤 많은 전력을 소비하는 것 역시 큰 결점이었습니다. 많은 수의 진공관을 사용해야 했기 때문에 전체적인 전력 소비량을 무시할 수 없었습니다. 게다가 사이즈도 크기 때문에 많은 수의 진공관을 보관해 둘 장소 역시 문제였습니다.

켈리는 드넓은 미국 땅 전체를 연결할 정도의 고성능 전화 네트워크는 진공관으로 만들 수 없다는 결론을 내렸습니다. 그래서 진공관이 아닌 완전히 다른 증폭기를 제작해야 한다고 생각했습니다. 구체적으로는 반도체를 사용해 진공관과 마찬가지로 신호를 증폭시키는 장치를 개발할 목표를 세웠습니다.

켈리는 회사에서 전자관 연구부장을 맡고 있었습니다. 전자관이란 진공관을 말하는 것으로, 그의 본래 업무는 고성능 진공관을 연구 개발하는 것이었습니다. 그러나 켈리는 자신이 담당하던 진공관 개발을 그만뒀습니다. 그는 진공관의 시대는 끝났고 진공관을 대체할 새로운 반도체 소자를 개발해야 한다는 신념을 갖게 되었습니다. 이 점에서 그의 선견지명과 위대함을 느낄 수 있습니다.

켈리는 개발에 적합한 연구자를 찾기 시작했습니다. 그는 미국의 MIT(매사추세츠 공과대학)에서 박사 학위를 갓 취득한 쇼클리(W. B. Shockley)에게 관심을 가졌습니다. 1936년에 켈리는 그를 벨 연구소에 채용했고, 반도체 증폭기 개발 책임자로 임명했습니다. 이때 켈리는 쇼클리에게 "진공관은 이제 잊어버리십시오. 반도체를 연구해 증폭기를 만들어야 합니다. 몇 년이 걸려도 괜찮습니다."라고 말했습니다. 그는 자세한 사항은 전혀 지시하지 않고 쇼클리에게 모든 것을 맡겼습니다.

그런데 실험을 아무리 반복해도 반도체 증폭기를 제작하기란 쉽지 않았습니다. 새로운 아이디어를 계속 적용했지만 거듭 실패하고 말았지요. 결국 반도체 증폭기(트랜지스터)가 만들어진 것은 제2차 세계대전 후인 1947년 말이었습니다. 고체 증폭기를 계획하기 시작한 지 햇수로 12년이 걸린 것입니다.

1947년 어느 날, 쇼클리는 연구자들을 불러 모은 후 왜 계속 실패를 거듭하는지에 대해 자유롭게 대화를 나누는 자리를 마련했습니다. 연구자들 중에 이론 물리학자인 바딘(J. Bardeen)이 있었습니다. 그는 예의

바르고 어른스러우며, 말수가 적고 차분한 사람이었지만, 이때만큼은 쇼클리에게 다음과 같은 사항을 지적했습니다.

“반도체 연구는 제법 발전했지만, 우리는 반도체 표면에 대해서 전혀 이해하지 못하고 있습니다. 그런데 우리가 실험하는 대상의 대부분은 반도체 표면이지 않은가요? 그러니 반도체 표면에 대한 연구를 한동안 해보는 것이 어떻겠습니까?”

훗날 쇼클리는 “바딘의 그 말이 내 생애 최고의 조언이었다.”고 회고했습니다. 바딘은 결정의 표면에 대해 가설을 세운 후, 이를 검증하기 위한 실험을 했습니다. 이 실험은 실험에 뛰어났던 브래튼(W. H. Brattain)이 맡았습니다.

그해 12월 17일에 바딘과 브래튼은 그림 2-2와 같은 구조로 실험을 실시했습니다. 먼저 얇은 판 형태의 n형 저마늄 결정에 그림과 같은 극성의 전압을 걸었습니다. 그다음으로는 표면에 두 개의 금속 바늘을 접촉시켜서 전기가 어떻게 흐르는지를 측정했습니다.

이 실험 도중 우연히 왼쪽 바늘 E에 플러스 전압을 걸고 작은 전류를 흘려보내자, 오른쪽 침 C에 강한 전류가 흐른다는 사실을 발견했습니다. 다시 말해 전류의 증폭 작용을 검증한 것입니다.

그림 2-2 • 전류 증폭 작용을 확인한 실험

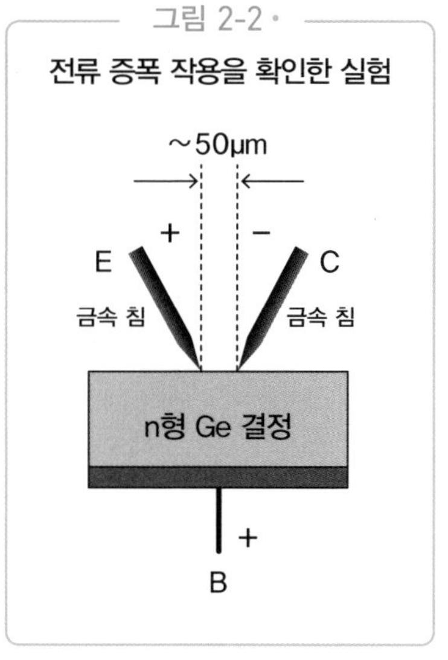

게다가 침 E에서 작은 신호 전류를 흘려보내자, 침 C에서 강한 신호 전류가 검출된다는 사실을 확인했습니다. 다시 말해, 반도체 결정을 가지고 증폭기를 만든 것

입니다. 증폭기를 제작하려던 실험이 아니었지만, 뚜껑을 열고 보니 우연히 증폭 현상이 발생한 것이었습니다. 이렇게 해서 트랜지스터가 처음으로 탄생했습니다.

위대한 발명이나 발견은 우연에 의한 것이 많다고 합니다. 트랜지스터의 발명 역시 위에서 설명한 것처럼 우연에 의한 것이었습니다. 그러나 이것은 반도체 증폭기를 제작하려던 집념의 결과로 탄생한 우연이었습니다. 쇼클리는 이에 대해 "트랜지스터 발명과 증폭 현상을 발견한 것은 매우 잘 관리된 연구를 진행하던 중에 우연히 발생한 것이다."라고 말했습니다. 쇼클리, 바딘, 브래튼(사진 2-1)은 트랜지스터 발명으로 1956년에 노벨 물리학상을 수상했습니다.

트랜지스터 개발을 추진한 켈리는 직접 실험에 관여하지는 않았지만 그가 없었다면 트랜지스터가 탄생하지 못했을 것이므로, '트랜지스터의 아버지'라고 불리며 존경받고 있습니다.

사진 2-1 왼쪽부터 바딘, 쇼클리, 브래튼

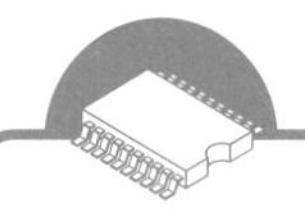

트랜지스터의 작동 원리

쇼클리가 발명한 접합형 트랜지스터

앞에서 설명한 것처럼 트랜지스터는 쇼클리, 바딘, 브래튼 세 명이 발명했습니다. 그러나 증폭 현상을 발견한 실험을 처음 한 것은 바딘과 브래튼 두 명이었고, 쇼클리는 볼일이 있어 외출했기 때문에 실험 현장에 없었습니다.

이 점이 매우 분했는지, 쇼클리는 다음 날부터 자기 방에 틀어박혀 불과 한 달 만에 트랜지스터의 동작 이론을 밝혀내고 정리했습니다. 게다가 이 이론을 근거로 실험에 성공한 것과는 또 다른 '접합형' 구조의 트랜지스터도 제안했습니다.

쇼클리는 이때의 연구 성과를 논문으로 정리해 발표하고, 1950년에는 우리에게도 잘 알려져 있는《반도체의 전자 및 구멍Electrons and Holes in Semiconductors》이라는 제목의 책을 출간했습니다. 이 책은 한국에서도 반도체 연구자들과 기술자들의 지침서가 되었습니다.

쇼클리가 발명한 접합형 트랜지스터는 그림 2-3 (a)에서 볼 수 있듯 p형-n형-p형 또는 n형-p형-n형 반도체를 샌드위치 형태로 접합한 구조였습니다. 이에 비해 최초의 실험에서 확인된 트랜지스터는 그림 2-2에 그려진 것과 같은 반도체 결정에 금속 바늘을 두 개 접촉시킨 구조로, '점접촉형 트랜지스터'라고 불립니다.

접합형 트랜지스터가 충분한 증폭 작용을 하기 때문에, 그림 2-3 (b)에 그려진 이미터 영역의 불순물 농도를 컬렉터 및 베이스 영역의 농도보다 충분히 높이는 것이 중요합니다.

구체적으로는 불순물의 원자 수를 컬렉터와 베이스 영역에서는 1㎤당 10^{15}개 정도로 만들고, 이미터 영역에서는 10^{17}개 정도로, 두 자릿수쯤 많게 합니다. 저마늄이나 실리콘 결정의 원자 수는 1㎤당 약 5×10^{22}개이기 때문에, 불순물 농도는 컬렉터 및 베이스 영역에서

그림 2-3 • **접합형 트랜지스터**

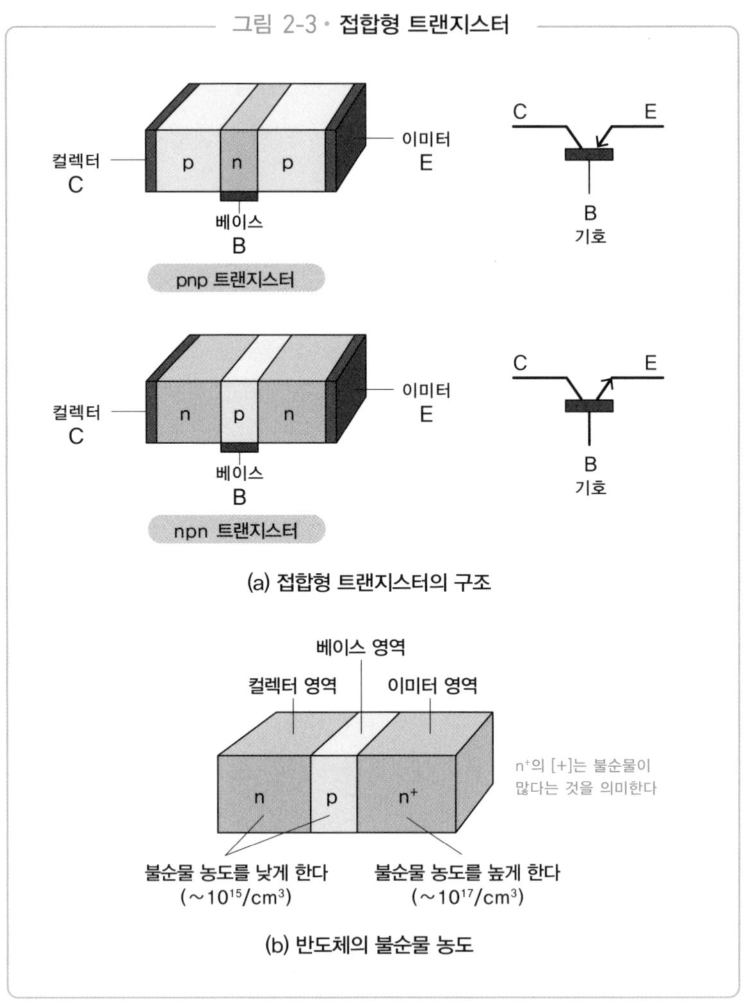

1000만 분의 1, 이미터 영역에서는 10만 분의 1 정도가 됩니다.

그러면 지금부터 접합형 트랜지스터를 가지고 트랜지스터의 작동 원리를 설명하겠습니다.

그림 2-4는 npn 접합형 트랜지스터의 작동 원리를 나타낸 것으로, 중앙에 있는 p형 영역이 베이스(B)이고, 양쪽 끝의 n형 영역이 각각 컬렉터(C)와 이미터(E)입니다. 여기에서 이미터를 접지시키고($V_E=0$), 컬렉터에 플러스 전압($V_C \geqq 0$)을 가합니다.

베이스에 플러스 전압(V_B, 단 $V_C \geqq V_B \geqq 0$)을 가하면 베이스와 이미터 사이가 정방향 바이어스가 되어 베이스 전류(I_B)가 흐릅니다. 다시 말해, 이미터 영역의 n형 반도체의 수많은 캐리어인 전자가 베이스의 플러스 전압에 이끌려 베이스 영역으로 흘러들어가며, 이것이 베이스 전류가 됩니다. 이때 베이스 영역의 폭을 매우 좁게(50μm 이하) 유지하면 베이스 영역으로 흘러들어간 전자의 대부분(예를 들어 95% 이상)이 컬렉터의 플러스 전압(V_C)에 이끌려 컬렉터와 베이스 사이의 접합면을 돌파하고, 컬렉터 영역으로 흘러들어갑니다. 이것이 컬렉터 전류가 됩니다.

그림 2-4 • **트랜지스터의 작동 원리**

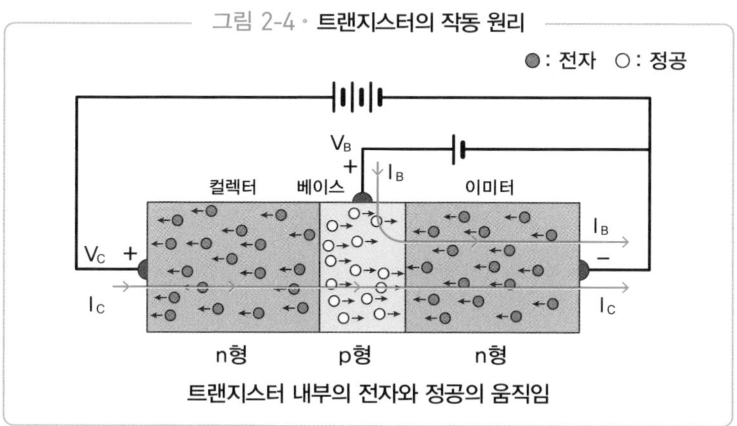

트랜지스터 내부의 전자와 정공의 움직임

이때, 이미터에서 베이스 영역으로 유입된 전자의 일부는 베이스 전류가 되는데, 이렇게 바뀌는 전류는 극히 일부분(5% 이내)이며 나머지 거의 대부분(95% 이상)은 컬렉터로 흘러들어가 컬렉터 전류가 됩니다. 이것이 트랜지스터의 원리에서 가장 중요한 점입니다.

베이스 전류와 컬렉터 전류의 비율은 일정하기 때문에 트랜지스터에 흐르는 전류의 5% 이하로 나머지 95%를 제어할 수 있습니다. 다시 말해, 전류의 증감을 통해 컬렉터 전류를 제어할 수 있는 것입니다. 이것이 트랜지스터의 기본 원리입니다.

한편, 베이스에 전압을 가하지 않는 경우($V_B=0$)에는 컬렉터와 베이스 사이가 역방향 바이어스가 되기 때문에 트랜지스터에 전류가 전혀 흐르지 않습니다.

트랜지스터의 이러한 동작 원리를 저항을 사용한 등가 회로로 그림 2-5에 나타냈습니다.

그림의 (a)처럼 트랜지스터를 가변 저항 R로 치환한 후, R 값이 베이스 전압 V_B로 변화한다고 가정해 봅시다. 여기에서 그림 (b)와 같이 베이스에 전압을 가하지 않는 경우($V_B=0$)에는 R=1MΩ로 매우 큰 값이 되며, 트랜지스터에는 전류가 거의 흐르지 않습니다. ($I_C=0$) 다시 말해, 트랜지스터는 OFF 상태(차단 상태)가 됩니다. 그 결과 트랜지스터의 컬렉터 단자에서 얻을 수 있는 출력 전압 V_O는 컬렉터 측의 전원 전압 V_C와 같은 10V가 됩니다.

반대로 그림 (c)에서처럼 베이스에 전압을 가한($V_B=1V$) 경우 R=50Ω라는 작은 값이 되어 컬렉터에서 이미터 방향으로 전류가 흐르며($I_C=2mA$), 트랜지스터는 ON(도통) 상태가 됩니다. 그 결과 출력 전압은 $V_O=0V$가 됩니다. 이처럼 베이스에 걸리는 전압에 따라서 트랜지스터가 스위치로 동작할 수 있습니다.

그림 2-5 • 저항의 등가 회로로 나타낸 트랜지스터의 동작

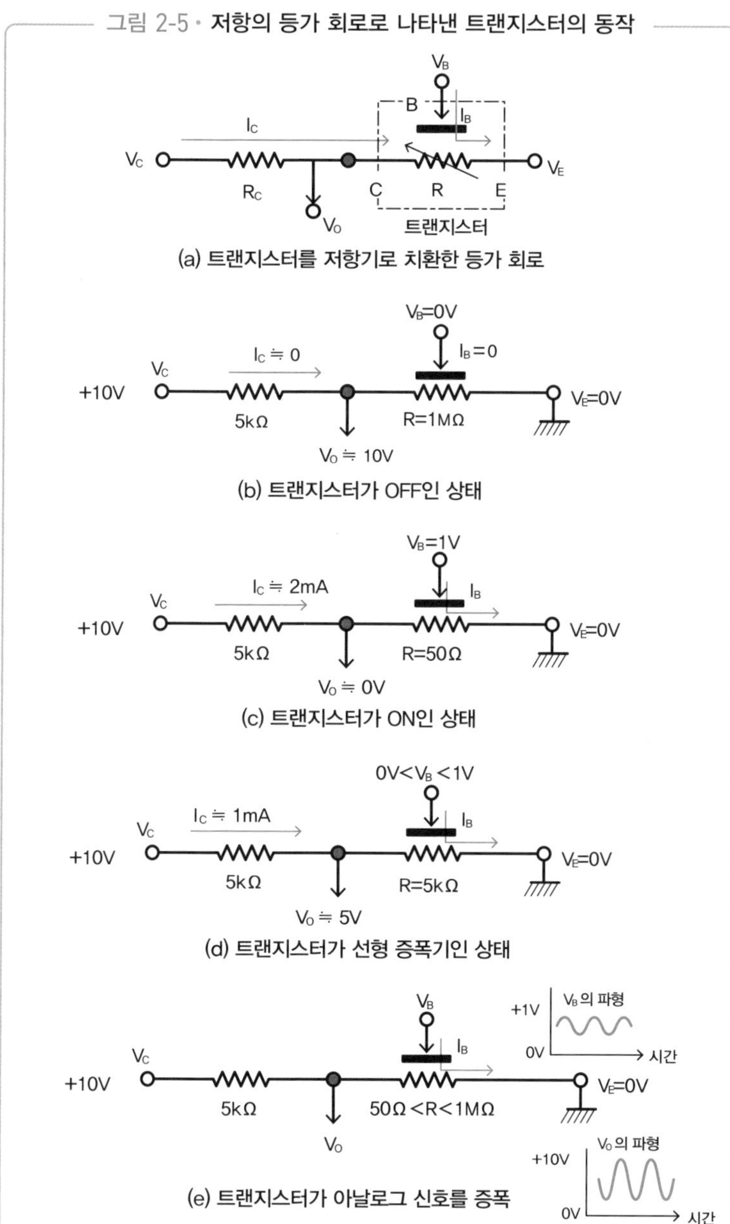

다음으로는 그림 (d)와 같이 베이스에 (a)와 (b) 사이 값의 전압을 겁니다. 그러면 R도 (a)와 (b)의 중간 값이 되며(예를 들면 R=5kΩ), Ic도 중간값(1mA)이 되고, Vo도 중간 값(5V)이 됩니다. 이 영역에서는 트랜지스터가 선형 증폭기로 작동합니다.

이것을 파형으로 나타낸 것이 그림 (e)이며, 입력 신호로 베이스에 작은 전압 변화 파형을 가하면 컬렉터 측에 Vo의 큰 전압 변화 출력 신호 파형이 나타납니다. 다시 말해, 아날로그 신호의 증폭기로 작동하는 것입니다. 이 반도체 장치는 그림 2-5와 같은 동작 원리를 나타내는 'Transfer(전달·전송) + Resistor(저항체)'의 합성어인 'Transistor(트랜지스터)'라고 불리게 되었습니다. 정보 이론으로 잘 알려진 벨 연구소의 피어스(J. R. Pierce) 박사가 이 이름을 붙였습니다.

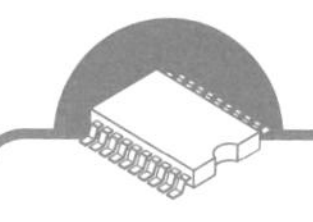

트랜지스터의 고주파화를 위한 노력

확산 기술을 사용한 메사형 트랜지스터의 등장

트랜지스터가 발명되고 나서 기업들도 트랜지스터의 장래성에 주목하기 시작했습니다. 그중에서 트랜지스터의 상품화를 선도한 것은 제2차 세계대전 직후 1946년에 발족한 일본의 도쿄통신공업(줄여서 '도통공'이라고 부름. 지금의 '소니')이었습니다.

어릴 적에 라디오에 흥미가 있는 소년이었던 도쿄통신공업 사장 이부카는 트랜지스터의 장래성에 주목했고, 이것을 사용해 휴대 라디오를 제작하겠다는 발상을 했습니다. 그래서 이부카는 벨 연구소에서 개발한 트랜지스터 특허를 가지고 있던 WE사와 라이선스 계약을 체결했습니다.

그러나 당시에는 라디오에 트랜지스터를 사용하는 것은 비현실적으로 여겨졌습니다. 왜냐하면 당시에는 라디오에 사용할 수 없는 저주파용 트랜지스터밖에 없었기 때문입니다.

그래서 도쿄통신공업은 세계 최초의 라디오 트랜지스터를 제작하기 위해 트랜지스터의 고주파 특성을 개선하기 시작했습니다. 트랜지스터를 라디오로 사용하려면 중주파(300kHz~3MHz)로 작동해야 합니다. 그러나 당시의 기술로는 1MH보다 낮은 저주파용밖에 제작되지 않았습니다.

고주파 트랜지스터를 만들기 위해서는 베이스 층을 얇게 제작해야 했던 것입니다.

전자나 정공이 결정 내부를 이동하는 속도는 그다지 빠르지 않습니다. 그렇기 때문에 베이스가 두꺼우면 캐리어인 전자나 정공이 베이스 층을 통과하는 데 시간이 걸리며, 고주파 신호의 빠른 변화를 따라갈 수 없습니다.

트랜지스터를 생산하기 위해서는 고순도 반도체 재료를 제작해 단결정으로 성장시키는 기술과, 해당 결정에 불순물 원소를 도핑해서 npn 또는 pnp 구조를 형성하는 기술이 필요했습니다.

첫 번째 기술은 초크랄스키 공법(그림 1-6)을 사용해 고순도 저마늄 단결정을 제조하는 방법으로 해결되었습니다. 한편 두 번째 기술과 관련해서는 당시의 접합형 트랜지스터의 두 가지 제조법인 '합금형'과 '성장형'을 살펴볼 필요가 있습니다.

합금형 트랜지스터는 그림 2-6에 묘사된 구조입니다. 제조법은 n형 저마늄 표면에 13족(Ⅲ족) 원소 인듐의 작은 입자를 올린 후, 200℃로 가열합니다. 그러면 저마늄 결정 내부에 인듐이 녹아들어 그 부분이 p형이 됩니다.

그림 2-6 • **합금형 트랜지스터(pnp)**

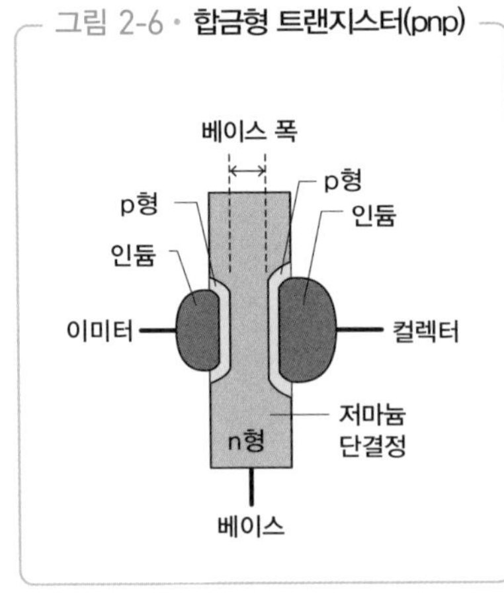

이 방법으로 얇은 n형 저마늄의 양면에 인듐 입자를 부착해 가열하면 pnp 3층 구조가 생성되어 pnp 트랜지스터가 됩니다.

합금형 트랜지스터는 제조 방법 자체는 간단하지만, 베이스를 얇게 제작하는 것이 쉽지 않기 때문에 고주파용 베이스를 제작할 수 없었습니다.

한편 성장형 트랜지스터는 그

림 2-7과 같이 초크랄스키 공법을 적용합니다.

15족(V족) 원소 안티모니를 투입해 n형으로 만든 저마늄을 용기 내부에서 용해시키고, 단결정 씨드(Seed)를 넣고 천천히 회전시키며 끌어올리면 n형 결정이 성장합니다.

이 단계에서 용해된 아랫부분에 13족(Ⅲ족) 갈륨을 투입해 p형을 만든 다음 끌어올리고, 계속해서 안티모니를 다시 투입해 n형으로

그림 2-7 • **성장형 트랜지스터(npn 예)**

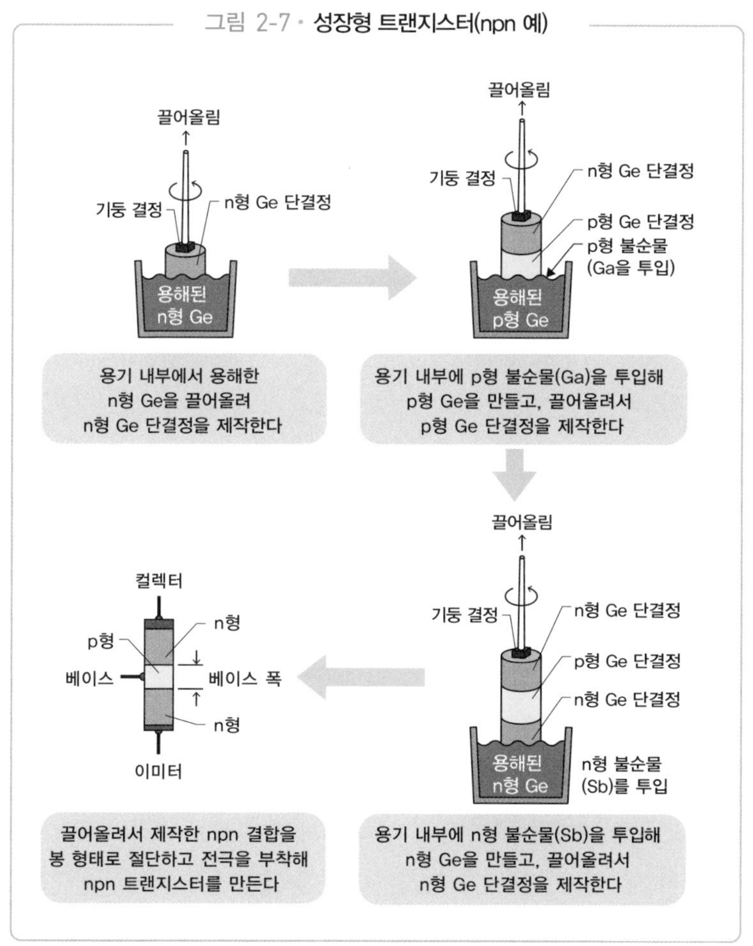

만든 후 끌어올리면 npn의 3중 구조를 가진 단결정이 만들어집니다. 이 단결정을 절단해서 전극을 부착하면 npn 트랜지스터가 됩니다.

성장형 트랜지스터는 불순물을 도핑한 결정을 끌어올리는 타이밍을 잘 조절해 베이스를 얇게 만들면 고주파 작동을 할 수 있는 제품이 만들어집니다. 그러나 당시의 생산 기술로는 불량품이 많아 회수율이 좋지 않다는 과제가 있었습니다.

도쿄통신공업 기술자들은 라디오에 트랜지스터를 사용할 것을 목표로 하고 있었기 때문에, 고주파화에 적합한 성장형 방법을 시도해 보기로 했습니다.

성장형 제조 방법을 근본적으로 재검토하고 불순물 종류를 안티모니에서 인으로 바꾸기도 했고, 투입하는 양을 조절하는 등 다양한 실험을 반복했습니다. 그 결과 동작 주파수가 한 자리 높아졌고(20~30MHz), 회수율도 크게 상승했습니다. 이 트랜지스터는 1957년부터 1965년까지 약 3000만 개가 양산되었고 트랜지스터라디오의 황금기를 개척했습니다.

1955년에는 벨 연구소에서 개발한 메사형 트랜지스터가 등장했습니다. 이 트랜지스터에는 **확산법**이라고 하는 완전히 새로운 기술이 적용되었습니다.

그림 2-8에서 알 수 있듯 고온 전기로 내부에서 n형 불순물의 증기 안에 p형 저마늄 결정판을 배치합니다. 그러면 불순물 원자는 저마늄 결정 표면에 달라붙게 되고, 조금씩 결정 내부로 침투합니다.

이 현상을 가리켜 '확산 현상'이라고 하며, 불순물 원자의 농도, 온도, 처리 시간을 조절하면 p형 저마늄 결정 표면에 두께 1μm가량의 n형 층을 만들 수 있습니다. 이 얇은 n형 층을 베이스로 하면 트랜지스

그림 2-8 • **확산법**

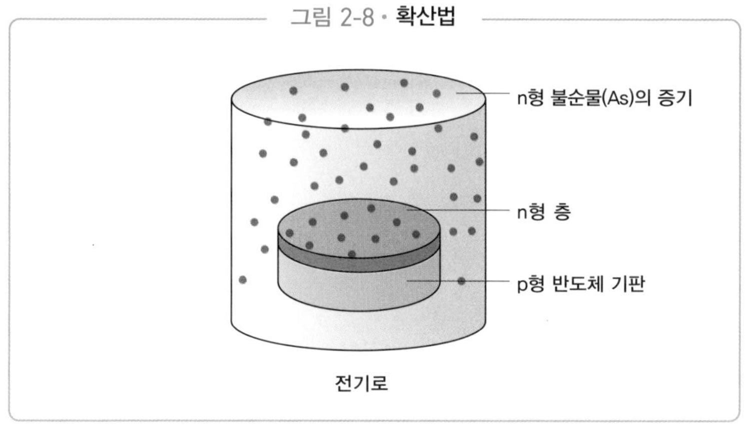

터의 고주파 특성을 향상시킬 수 있습니다.

이 n형 층 위에 동일한 방법으로 p형 층을 확산시켜서 pnp 3층 구조를 만듭니다. 그리고 처음의 p형 기판을 컬렉터, 얇은 n형 층을 베이스, 마지막으로 제작한 p형 층을 이미터로 해서 전극을 부착하면 그림 2-9와 같은 형태의 pnp 트랜지스터가 만들어집니다.

이때 마지막 이미터가 되는 p형 층을 제작하기 위해서는 베이스의 n형 층의 일부 영역에 p형 불순물을 확산시켜야 합니다. 이처럼 일부 영역을 선별해 불순물을 확산시키는 것을 **선택 확산**이라고 합니다.

그림 2-9에서 트랜지스터의 외부 구조는 불필요한 부분을 에칭해서 제거하기 때문에 사다리꼴 모양이 됩니다. 그러므로 스페인어로 언덕을 의미하는 '메사형' 트랜지스터라고 불리게 되었습니다.

메사형 트랜지스터는 베이스 폭을 1μm 정도까지 얇게 만들 수 있기 때문에 동작 주파수가 한 자리 이상 높아져 수백 MHz까지 사용할 수 있게 되었습니다.

이 메사형 트랜지스터를 통해 라디오보다 두 자리나 높은 100MHz

그림 2-9 • **메사형 트랜지스터**

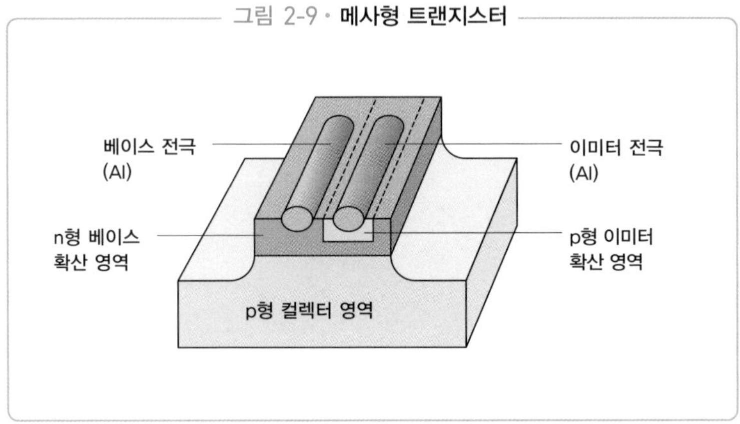

이상의 주파수를 전파로 사용하는 텔레비전에도 트랜지스터를 적용할 수 있는 길이 열린 것입니다.

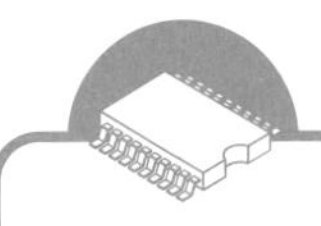

주인공이 실리콘 트랜지스터로 바뀌다

고온·고전압에서도 안정적으로 작동하는 장점

쇼클리와 연구자들이 트랜지스터 실험에 성공할 무렵, 반도체에는 저마늄이 사용되었습니다. 저마늄은 실리콘보다 융점이 낮아서(저마늄 958℃, 실리콘 1412℃) 고순도 단결정을 제작하기 쉬웠습니다. 그렇기 때문에 1950년대 초기에는 대부분 저마늄 트랜지스터가 사용되었습니다.

그러나 반도체 재료의 관점에서 살펴보면, 저마늄보다 실리콘이 더 뛰어난 특성을 가지고 있습니다. 다만 이때는 고순도 실리콘 단결정을 제작할 수 없었기 때문에 트랜지스터로는 사용하지 못했습니다.

그림 2-10은 저마늄과 실리콘의 주요 특성을 비교한 것입니다.

여기에서 주목할 것은 띠간격인데, 실리콘이 저마늄보다 띠간격 값이 더 크다는 것을 알 수 있습니다. 띠간격이 크다는 것은 반도체 단결정 내부에서 자유전자와 정공이 만들어지는 데 큰 에너지가 필요하다는 것을 의미합니다.

그렇기 때문에 온도가 상승하거나 높은 전압을 걸어도 불필요한 캐리어가 발생하지 않습니다. 다시 말해 트랜지스터로 활용할 경우, 안정적으로 작동할 수 있습니다.

저마늄 트랜지스터는 온도가 70℃ 이상이 되면 정상적으로 작동하지 않지만, 실리콘 트랜지스터는 125℃ 정도까지 사용할 수 있습니다. 또한 실리콘 트랜지스터는 고전압에서도 사용할 수 있습니다.

한편 그림 2-10을 보면 저마늄 전자 이동도 값이 실리콘 값보다 크다는 것을 알 수 있습니다. 전자 이동도는 결정 내부에서 전자가 얼마나 빠른 속도로 이동할 수 있는지를 나타내는 척도로, 이동도가 빠를수록 고주파에서도 사용할 수 있음을 의미합니다.

따라서 고주파 트랜지스터를 제작할 경우에는 실리콘 트랜지스터보다 저마늄 트랜지스터를 선택하는 것이 더욱 유리합니다. 초기 메사형 트랜지스터의 동작 주파수의 한계는 저마늄이 500MHz, 실리콘이 100MHz였습니다.

그림 2-10 • **저마늄과 실리콘 비교**

	저마늄(Ge)	실리콘(Si)
융점(°C)	938	1412
띠간격(eV)	0.66	1.12
전자 이동도($cm^2/V \cdot s$)	3800	1300
정공 이동도($cm^2/V \cdot s$)	1800	425

또한 전자 이동도와 정공 이동도를 비교해 보면, 전자가 정공보다 결정 내부에서 고속으로 이동한다는 것을 알 수 있습니다. 그렇기 때문에 전류를 담당하는 캐리어로 전자를 사용하는 npn 트랜지스터가 정공을 캐리어로 사용하는 pnp 트랜지스터보다 고주파 특성이 뛰어납니다.

저마늄을 사용한 초기 트랜지스터는 제조 방법이 간단하다는 장점 때문에 pnp 트랜지스터를 더 많이 제조했습니다. 그러나 실리콘 트랜지스터 시대가 된 이후부터는 고주파 특성이 뛰어난 npn 트랜지스터가 주류를 이루고 있습니다.

초기 저마늄 트랜지스터는 열에 약하고 고전압에서는 사용할 수 없었습니다. 그러나 실리콘 트랜지스터가 만들어지면서 고전압을 취급하는 파워 트랜지스터로도 사용할 수 있게 되었습니다.

도쿄통신공업에서는 1957년 트랜지스터텔레비전을 개발하기 시작했는데, 그때는 실리콘 트랜지스터가 출시되기 시작할 무렵이었습니다. 텔레비전은 브라운관을 사용하기 때문에 수평·수직 편향 등 고전압을 취급할 수 있는 트랜지스터가 필요했습니다. 게다가 주변 온도도 상승하기 때문에 고온에 견딜 수 있어야만 했습니다. 바로 이런 회로에 실리콘 트랜지스터가 필요했습니다.

그래서 소니(1958년 1월, '도쿄통신공업'에서 '소니'로 사명 변경)에서는 벨 연구소의 자료를 참고하여 실리콘 파워 트랜지스터를 개발하기 시작했습니다.

파워 트랜지스터 개발 시 문제점의 하나는 실리콘 트랜지스터 컬렉터 부분의 저항값이 지나치게 커서 큰 전류를 흘려보내면 열이 발생한다는 것이었습니다. (그림 2-11 (a))

실리콘 결정의 컬렉터 부분은 불순물 농도를 높일 수 없었기 때문

그림 2-11 • 에피택시얼 층을 사용한 실리콘 트랜지스터

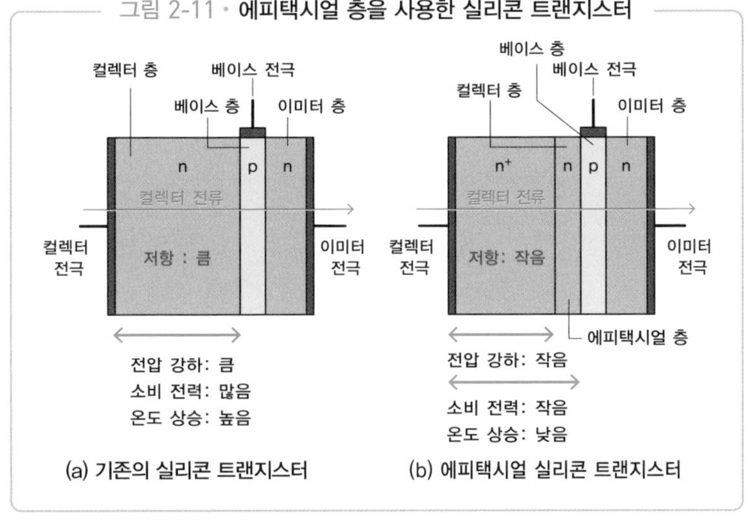

(a) 기존의 실리콘 트랜지스터 (b) 에피택시얼 실리콘 트랜지스터

에 결정 자체의 저항값이 커집니다. 저항값을 낮추기 위해 컬렉터를 얇게 만들면 기계적인 강도가 약해지며, 면적을 키우게 되면 회수율이 나빠집니다.

구조를 변경하여 방열 효과를 높이는 대책을 세운다 해도 한계가 있었습니다. 그래서 소니 기술자들은 같은 시기에 벨 연구소에서 개발한 에피택시얼 기술에 주목했습니다. 이 기술은 기판 위에 결정면이 배열되어 있는 얇은 막 결정을 새롭게 성장시키는 방법입니다. (그림 2-12)

다만 **에피택시얼 성장**을 할 수 있는 얇은 막 결정은 기판의 결정과 **격자 상수**가 가까워야 한다는 조건이 있습니다. 예를 들어, 불순물 농도를 높여서 비저항을 낮춘 실리콘 결정 위에 불순물 농도가 낮은(비저항이 높은) 실리콘 결정층을 에피택시얼 성장으로 형성시킬 수 있습니다. 포함하고 있는 불순물의 양은 다르다 해도, 둘 다 실리콘 결정이기 때문에 격자 상수가 같다고 볼 수 있는 것입니다.

npn 트랜지스터의 동작 원리를 생각해 보면, 이미터 층에서 흘러들어온 전자가 베이스 층을 통과해 컬렉터 층으로 흘러들어가면 비로소 증폭 작용이 발생합니다.

그림 2-12 • **반도체의 에피택시얼 층 형성**

고주파 트랜지스터의 경우에는 이 시간을 얼마나 단축시킬 수 있는지가 관건입니다. 그렇게 하기 위해서는 앞에서 언급한 것처럼 먼저 베이스 층을 얇게 만들어 전자가 빠른 시간 내에 통과할 수 있게 하는 것이 중요합니다. 그러나 이 조건뿐만 아니라 컬렉터 층도 중요합니다.

컬렉터가 두꺼운 기판에서는 전자가 컬렉터를 통과하는 시간이 오래 걸립니다. 그러므로 컬렉터 층을 얇게 만들기 위해 에피택시얼 층을 활용할 수 있습니다. 그 방법은 기판 위에 만든 얇은 에피택시얼 층을 컬렉터로 사용하는 것입니다. (그림 2-11 (b))

소니 기술자들은 에피택시얼 기술을 활용해 실리콘 트랜지스터의 발열 문제를 해결했습니다. 이렇게 트랜지스터텔레비전의 제작과 관련된 두 가지 난제를 해결했습니다. 당시 소니에서 개발한 트랜지스터는 벨 연구소 트랜지스터의 성능을 훨씬 뛰어넘는 높은 성능을 보였다고 합니다.

그림 2-13은 에피택시얼 메사형 트랜지스터의 단면도입니다. 여기에는 실리콘 메사형 트랜지스터의 컬렉터 부분에 에피택시얼 기술이 사용되었습니다.

그림 2-13 • **에피택시얼 메사형 트랜지스터**

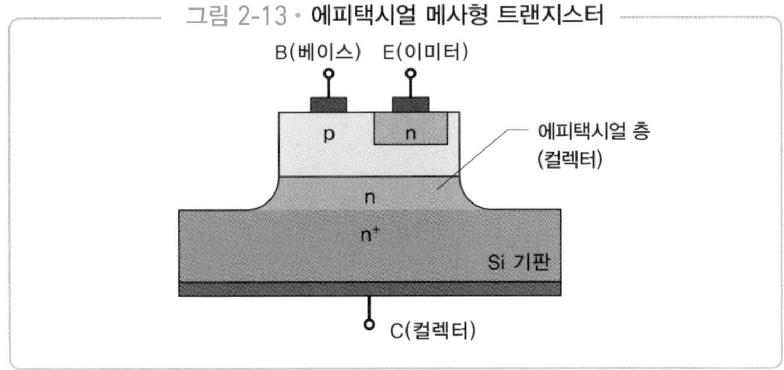

실리콘 트랜지스터는 이처럼 기판 부분에 컬렉터를 형성하며, 기판 뒷면에 전극을 설치해 컬렉터 전류를 추출합니다. 컬렉터 전류를 효율적으로 추출하기 위해서는 기판의 저항이 낮은 편이 좋기 때문에 불순물을 많이 넣어서 저항값을 낮춘 기판을 사용합니다.

그러나 이런 n^+ 기판에 트랜지스터를 직접 제작할 수는 없습니다. 컬렉터 농도가 높아지면 트랜지스터가 전압에 견딜 수 없게 되기 때문입니다. 그렇기 때문에 불순물 농도가 높은(저항이 낮은) 기판 표면에 불순물 농도가 낮은(저항이 큰) 얇은(수십 μm 정도) 에피택시얼 층을 성장시켜서 컬렉터 층으로 활용합니다. 게다가 여기에 베이스 영역과 이미터 영역을 마련해 트랜지스터를 제작합니다.

이것이 에피택시얼 트랜지스터입니다. 이와 같은 에피택시얼 기술은 IC 와 LSI의 발전에도 빼놓을 수 없는 기술입니다.

획기적인 플레이너 기술

IC나 LSI에 빼놓을 수 없는 기술

실리콘은 그대로 방치해두면 공기 중의 산소와 결합해 표면에 산화막(SiO$_2$)을 생성합니다. 실리콘과 산소의 결합 에너지가 크기 때문에 이 산화막은 안정적이며, 전기가 통하지 않는 절연체입니다. 벨 연구소에서는 1955년 무렵부터 이 실리콘 산화막에 주목했고, 실리콘 트랜지스터를 제작할 때 선택 확산 마스크에 산화막을 사용할 수 있다는 점을 발견했습니다.

그림 2-9에 있는 메사형 트랜지스터의 구조를 살펴보면 이미터 베이스 접합 및 베이스 컬렉터 접합 부분이 노출되어 있습니다. 접합 영역이 노출되어 있으면 표면이 오염되기 쉽고, 성능 저하와 고장의 원인이 됩니다.

반도체 회사 페어차일드(Fairchild Corp.)의 호니(J. A. Hoerni)는 칩 표면 전체를 실리콘 산화막으로 덮을 경우 이런 문제를 막을 수 있다고 생각했으며, 그림 2-14와 같은 구조의 플레이너형 트랜지스터라고 불리는 실리콘 접합형 트랜지스터 제조법을 개발했습니다. (1959년)

실리콘 기판을 트랜지스터의 컬렉터로 활용하고, 이 표면을 실리콘 산화막으로 덮습니다. 그리고 필요한 장소에 불순물을 확산시키기 위한 마스크로 이 산화막을 활용하는 기술입니다. 이 마스크에 구멍을 뚫어서 거기서부터 기판에 불순물을 확산(도핑)시킨 후 베이스와 이미터를 형성하고, 마지막으로 결정 표면 전체를 산화막으로 덮고 전극

그림 2-14 • **플레이너형 트랜지스터의 구조**

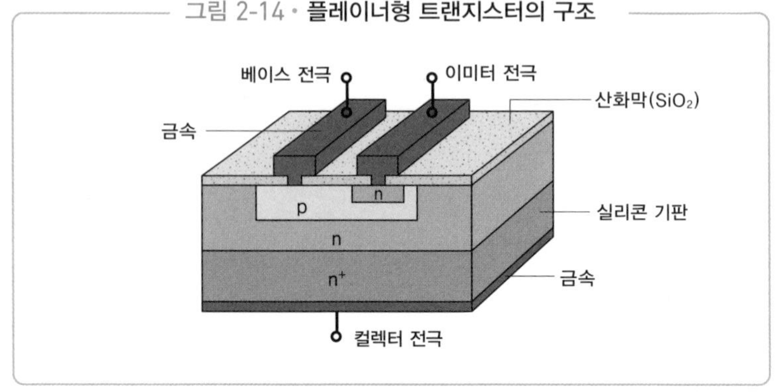

을 부착하면 트랜지스터가 완성됩니다. 이 공정에 대해서는 이번 장의 '반도체 소자 제작법 1, 2'에서 자세하게 설명하겠습니다.

그림 2-15에서 보는 것과 같이 메사형 트랜지스터(그림의 (a))는 사다리꼴 모양인데 반해, 이렇게 제작된 트랜지스터는 그림 (b)처럼 평면(플레인) 구조를 하고 있기 때문에 **플레이너형**이라고 불립니다.

그림 (b)의 플레이너형 트랜지스터 중에서 왼쪽 그림의 경우, 컬렉터 전극을 실리콘 기판 아래에서 꺼낼 수 있습니다. 그러나 최근에는 p형 기판이 많이 사용되고 있기 때문에, 일반적으로는 오른쪽

그림 2-15 • **메사형 트랜지스터와 플레이너형 트랜지스터**

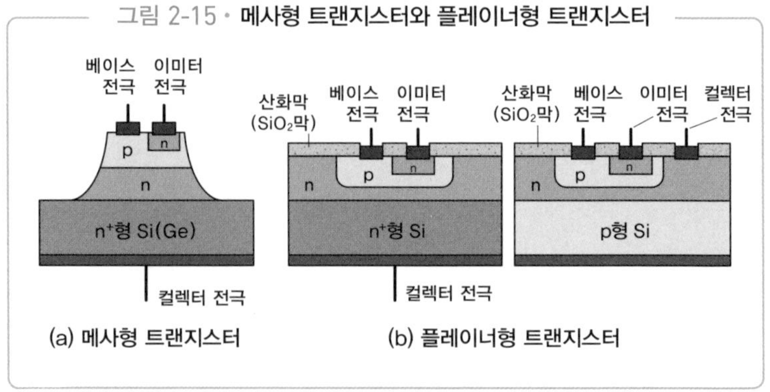

그림처럼 컬렉터 전극도 기판 윗면에서 꺼낼 수 있게 만듭니다. 모든 전극이 기판 윗면에 있는 것은 나중에 IC나 LSI를 제작할 때 매우 중요한 부분입니다. 이것은 기판 위에 에피택시얼 층을 성장시킨 것으로, 에피택시얼 플레이너형 트랜지스터라고 불리며 널리 사용되고 있습니다.

플레이너 기술은 반도체 역사상 획기적인 기술로, 기판 한 장 위에 여러 트랜지스터를 동시에 제작할 수 있다는 특징이 있습니다. 합금형이나 성장형 접합 트랜지스터의 경우 각각을 수작업으로 제작했다는 것과 비교해 보면 커다란 차이가 느껴집니다.

이를 통해 트랜지스터의 양산 기술이 확립되었습니다. 게다가 이 제조법은 실리콘 표면에 형성되는 pn 접합의 경계 부분을 산화막으로 덮는 구조입니다. 그러므로 수분이나 오염물질의 외부 침투를 막을 수 있기 때문에 신뢰성이 크게 향상되었습니다.

접합 부분은 트랜지스터의 생명선이라고 할 만큼 매우 중요한 곳으로, 이 부분이 쉽게 바뀌거나 부서지면 트랜지스터의 수명이 단축되고 맙니다. 게다가 나중에 언급할 MOSFET도 플레이너 기술을 활용해 실현될 수 있었습니다. 이후의 IC, LSI도 플레이너 기술 없이는 실현될 수 없었을 것입니다.

이 획기적인 기술은 기본적으로는 벨 연구소에서 발견한 것의 연장이지만, 기술의 위대함과 특허의 의의는 절대적이라고 할 수 있습니다. 페어차일드는 이를 통해 급격히 발전했고, 얼마 후 노이스(R. N. Noyce)의 IC 발명으로 이어졌습니다.

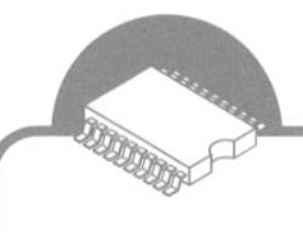

트랜지스터 MOSFET

IC·LSI에 사용되는 현재의 주역

앞에서 말한 것처럼 처음으로 실용화된 트랜지스터는 접합형 트랜지스터로, 초기의 점접촉형 트랜지스터와 함께 **양극성 트랜지스터**라고 불립니다.

이와는 별개로 **전계 효과 트랜지스터**(FET, Field Effect Transistor)라고 불리는 트랜지스터가 있습니다. 이것을 금속(Metal)-산화막(Oxide)-반도체(Semiconductor)의 구조로 제작한 것이 **MOSFET**입니다.

그림 2-16은 MOSFET의 구조를 묘사한 것입니다. MOSFET은 p형 실리콘 기판의 표면 부근에 형성됩니다. 세 개의 단자가 있는데, 가운데에 **게이트**(G), 게이트의 좌우에 **소스**(S)와 **드레인**(D)이 배치됩니다. 게이트 영역은 p형이고 소스 영역과 드레인 영역은 n형입니다.

게이트 영역은 소스 영역과 드레인 영역 사이에 있으며, 실리콘 기

그림 2-16 • MOSFET의 구조(nMOS)

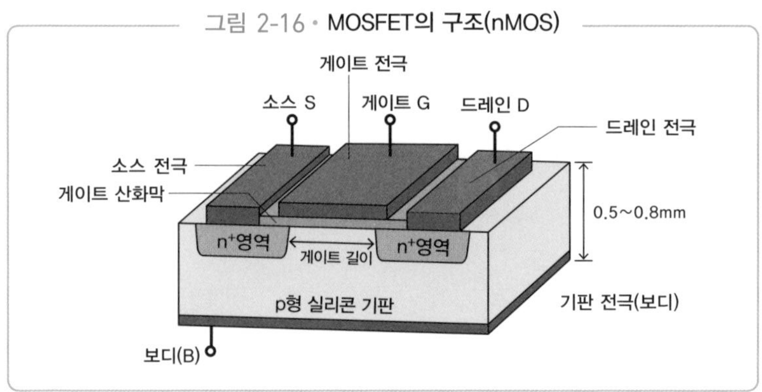

판 표면에 형성된 얇은 실리콘 산화막을 끼운 상태로 금속 전극이 놓여 있습니다. 다만 지금의 MOSFET의 게이트는 금속(Metal)이 아니라 고농도로 도핑해서 저항을 낮춘 다결정 실리콘이 사용되는 경우도 많습니다.

기판(B, 보디)에도 전극이 부착되어 있으며, 일반적으로는 소스와 연결하거나 전압이 가장 낮은 전원에 연결합니다. 이 '보디'는 '백 게이트', '벌크', '서브'라고 불리기도 합니다.

그림 2-17은 MOSFET의 동작 원리를 설명한 것입니다. 그림 (a)에서처럼 p형 실리콘 기판의 다수 캐리어는 정공이지만, 소수 캐리어로 전자도 사용됩니다. 소스 영역과 드레인 영역의 n형 실리콘 부분에서는 다수 캐리어로 전자를 사용합니다.

그림 (b)처럼 드레인에는 플러스 전압을, 소스와 게이트에는 마이너스 전압을 가합니다. 이때, 드레인과 소스 사이에는 p형 반도체가 있고, 이 pn 접합이 역방향 바이어스가 됩니다. 따라서 소스에서 드레인으로 전자가 이동하는 것은 불가능하고, 전류는 흐르지 않습니다. 다시 말해 MOSFET은 OFF 상태인 것입니다.

다음으로는 그림 (c)와 같이 게이트에 플러스 전압을 가하면 어떻게 되는지 생각해 봅시다. 게이트에 플러스 전압을 걸면 게이트 바로 아래 p형 반도체 내부의 정공은 플러스 전기끼리 반발해서 결정 내부를 향해 이동합니다.

결정 내에 존재하는 소수 캐리어의 전자는 플러스 전기에 이끌려 게이트 영역의 결정 표면으로 이동합니다. 단, 게이트 전극과의 사이에 절연체(산화막)가 있기 때문에 전자는 결정 표면 부근에 머물게 됩니다.

게이트 전압을 더 높이면 이 현상이 두드러지게 나타나고, 끌어당

그림 2-17 • MOSFET의 동작 원리

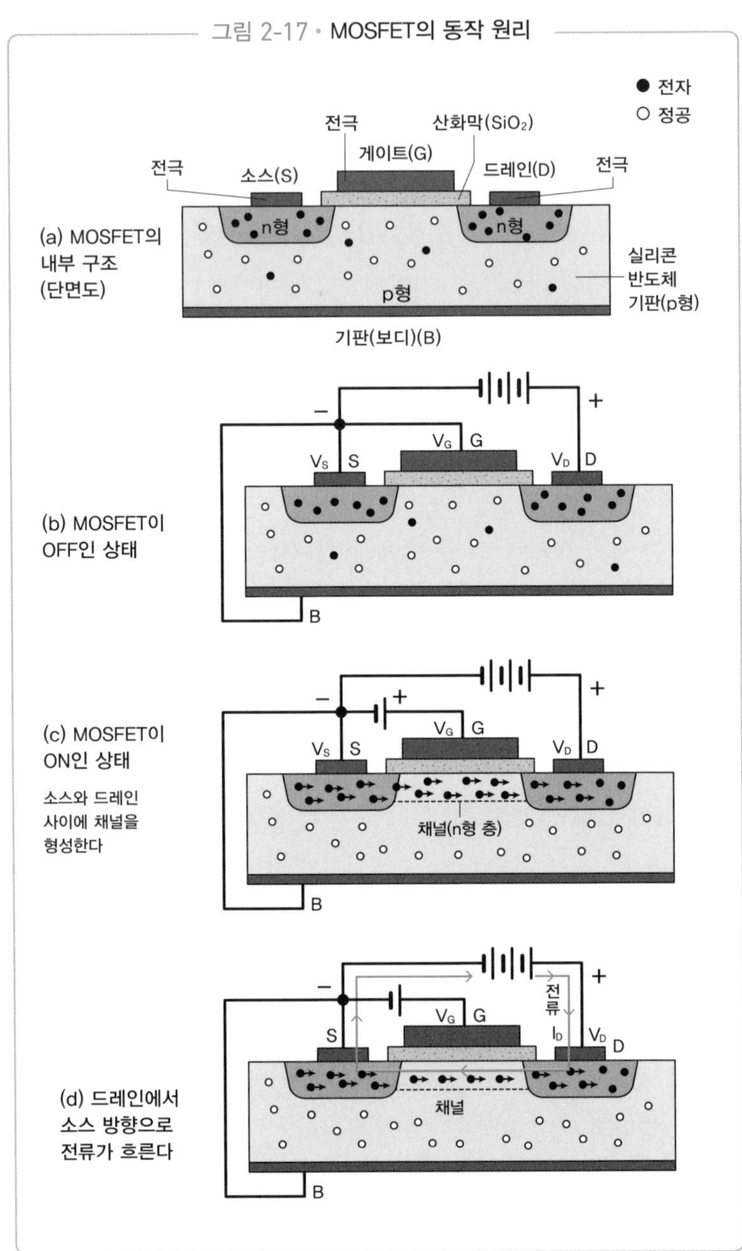

겨진 전자에 의해 게이트 바로 아래의 p형 반도체가 n형으로 바뀝니다.

그 결과, 게이트 바로 아래에 새로 생성된 n형 영역에 의해 소스 영역과 메인 영역의 n형 반도체가 연결되며, 전자가 통하는 길(채널)이 형성됩니다. (그림 (d)) 이렇게 소스에서 드레인으로 전자가 이동할 수 있게 되어, 드레인에서 소스 방향으로 전류가 흐릅니다. 다시 말해 MOSFET이 ON인 상태가 됩니다.

그림 2-17 (c)의 경우, 게이트 전압이 너무 낮으면 게이트 바로 아래에 충분한 전자를 모을 수 없기 때문에 드레인 전류가 흐르지 않습니다. 게이트 전압을 일정 값 이상으로 만들면 모인 전자의 수가 급격히 증가해서 드레인 전류가 흐르기 시작합니다.

드레인 전류가 흐르기 시작할 때의 게이트 전압 값을 임계치 전압이라고 합니다. (그림 2-18) MOSFET을 스위칭 소자로 사용하는 경우 그림 2-19와 같이 게이트 전압을 해당 임계치 전압보다 높게 할지, 낮게 할지 여부에 따라 MOSFET을 ON, OFF시킵니다.

그림 (d)처럼 새롭게 생성된 채널은 게이트 전압의 크기에 따라 두께가 달라집니다. 게이트 전압을 높이면 채널이 두꺼워지고, 드레인에서 소스로 흐르는 전류가 커집니다.

이 상태에서는 그림 2-18과 같이 드레인 전류의 크기는 게이트 전압의 크기에 비례해 변화합니다. 게이트 전압의 작은 변화가 드레인 전류의 큰 변화로 이어지기 때문에 아날로그 신호 증폭기로 사용할 수 있습니다.

그림 2-4에서 설명한 접합형 트랜지스터는 베이스(B)와 이미터(E) 사이에 전류를 흘려보내서 컬렉터(C) 전류를 제어합니다.

반면 MOSFET은 게이트(G)와 소스(S) 사이에 전압을 걸어 드레인(D)

그림 2-18 • MOSFET의 드레인 전류와 임계치 전압

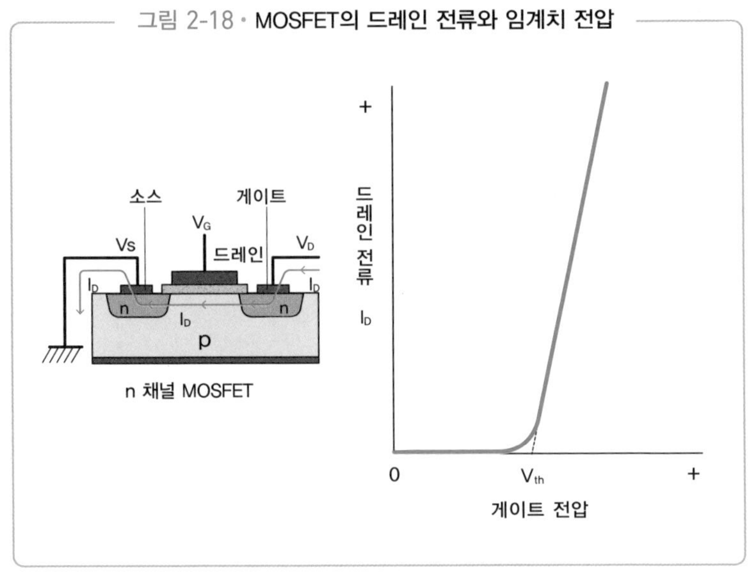

그림 2-19 • MOSFET의 스위칭 동작

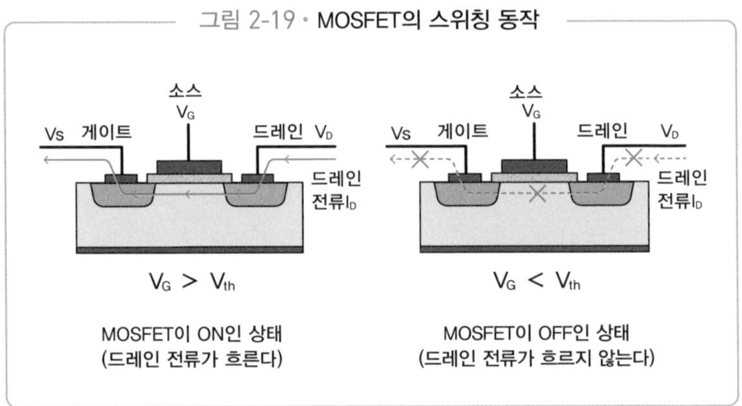

전류를 제어합니다. 산화막이 있기 때문에 게이트는 전압만 인가하며 전류는 전혀 흐르지 않습니다. 그러므로 소비 전력이 적다는 장점이 있습니다.

접합형 트랜지스터와 달리 MOSFET의 세 단자에는 소스(S), 게이

트(G), 드레인(D)이라는 명칭을 사용합니다. 이 명칭은 MOSFET(일반적으로는 FET)의 동작과 수문을 통과하는 수로의 관계에서 따온 것입니다.

MOSFET은 그림 2-20과 같이 수원(소스)에서 배수구(드레인) 방향으로 물이 흐르는 수로(채널) 사이에 수문(게이트)이 있는 구조와 대비됩니다. 수문을 닫으면 물이 흐르지 않고(OFF), 수문을 열면 물이 자유롭게 흐를 수 있습니다(ON). 이런 원리가 FET에서 볼 수 있는 캐리어의 흐름과 비슷합니다.

그림 2-17에서 설명한 구조로 이뤄진 MOSFET은 게이트 바로 아래에 n형 채널이 만들어지기 때문에 n 채널 MOSFET 또는 nMOS라고 부릅니다.

실리콘 기판을 n형으로 바꾼 다음, 다른 부분도 n과 p를 반대로 바꿔 봅시다. 그러면 캐리어가 전자에서 정공으로 교체되고, 동일한 동작을 하는 MOSFET이 됩니다. 이 경우는 채널이 p형이기 때문에 p 채

그림 2-20 • MOSFET과 물의 흐름을 대비

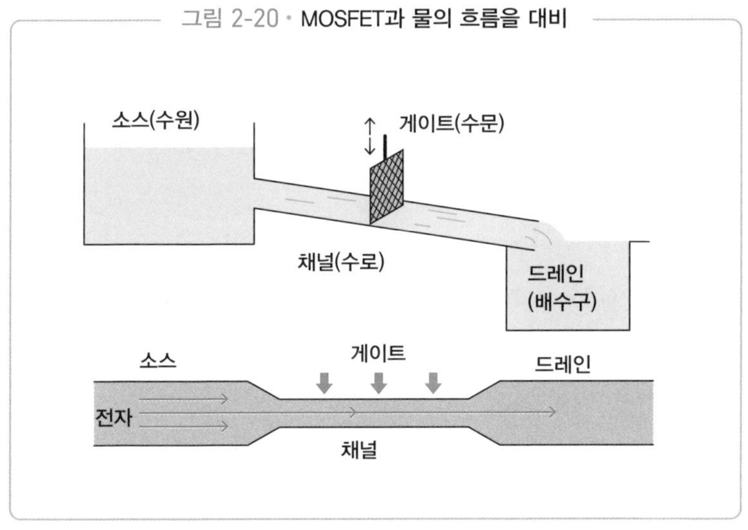

널 MOSFET, 또는 pMOS라고 부릅니다.

MOSFET은 nMOS와 pMOS 모두 같은 구조로 만들 수 있습니다. 다만 nMOS는 게이트 전압을 플러스로 했을 때 ON이 되는 반면, pMOS는 채널이 플러스 전하이기 때문에 게이트 전압을 마이너스로 했을 때 ON이 된다는 점에 주의해야 합니다. 또한 전자 이동도가 정공 이동도보다 크기 때문에 고주파 동작에는 nMOS가 유리합니다.

그림 2-16, 2-17을 잘 살펴보면 게이트를 사이에 두고 소스와 드레인이 동일한 구조로 대칭을 이루며 배치되어 있어서, 어느 쪽이 드레인이고 어느 쪽이 소스인지 구조상 정해져 있지 않으며 전압에 따라 결정됩니다.

nMOS에서는 전압이 낮은 쪽이 소스가 되고, pMOS에서는 전압이 높은 쪽이 소스가 됩니다. 이것은 회로의 동작 상태에 따라 소스와 드레인이 교체될 수 있다는 의미입니다. 양극성 트랜지스터의 경우, 이미터와 컬렉터의 구조가 다르기 때문에 교체할 수 없습니다(교체해도 동작을 할 수는 있지만, 동일한 성능을 낼 수 없습니다). 반면, MOSFET은 대칭 구조이기 때문에 교체할 수 있다는 특징이 있습니다.

그림 2-21과 같이 MOSFET의 회로 기호에는 몇 가지 종류가 있습니다.

먼저 (a)나 (b)처럼 네 개의 단자를 표현한 것이나, (c)나 (d)처럼 B 단자를 생략하는 경우도 있습니다. (a), (b)와 (c)는 화살표 방향이 반대라는 점에 주의해야 합니다. nMOS와 pMOS는 화살표 방향으로 구별할 수 있습니다.

(c)는 양극성 트랜지스터 회로에 익숙한 경우라면 npn, pnp와 대응하기 때문에 익숙하다는 이점이 있습니다. 이 화살표를 생략하

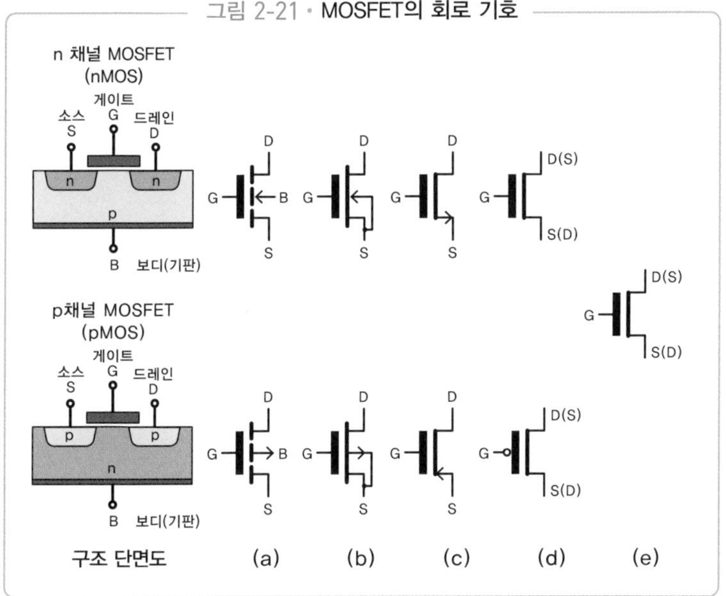

그림 2-21 • MOSFET의 회로 기호

고 pMOS에는 게이트 앞에 ○ 표시를 붙여서 구별하는 것이 (d)입니다. (c)에서는 화살표 표시가 있는 것이 소스인데, (d)에서는 소스와 드레인이 구별되어 있지 않습니다. 게다가 (e)에서는 nMOS와 pMOS도 구별되어 있지 않습니다.

반도체 소자 제작법 1

반도체 기판에 회로 패턴을 정확하게 그려내는 기술

플레이너형 트랜지스터와 같은 반도체 소자는 실리콘 결정 기판이 필요한 위치에 불순물을 확산하는 기술과, 필요한 위치에 절연체나 금속 막을 부착하는 기술을 조합해 만들었음을 알 수 있습니다.

여기에서 '필요한 위치'라는 부분이 중요합니다. IC, LSI로 발전함에 따라 소자가 작아지면서 '필요한 위치'도 점점 작아집니다. 게다가 '필요한 위치'는 여러 곳이며, 앞 공정과 같은 장소 또는 일정한 거리만큼 떨어져 있는 장소처럼 정확한 위치 관계가 필요합니다.

이 위치를 결정하는 방법이 **포토 리소그래피**입니다. 구체적으로는 실리콘 표면을 덮고 있는 산화막에 구멍을 낸 다음, 이 구멍에서 실리콘 결정에 불순물을 확산시킵니다. 그러므로 구멍의 형상을 정확하게 그려내고 정확한 장소에 위치시키는 것이 중요합니다.

포토 리소그래피란 사진 기술을 사용해 반도체 기판 위에 소자나 회로 패턴을 새겨 넣는 기법으로, IC나 LSI를 제작하기 위해서는 빼놓을 수 없는 기술입니다. 이 공정에 대해서는 그림 2-22에서 설명하겠습니다.

(a) 실리콘 기판상에 산화막을 만듭니다. 수증기를 포함한 산소 중에서 가열하는 열산화 방법 등이 사용됩니다.

(b) 산화막 위에 **포토 레지스트**(감광성 수지)를 얇고 균일하게 도포한 후 가열해 단단한 막을 생성시킵니다.

(c) 필름과 같은 역할을 하는 **포토 마스크**를 준비합니다. 포토 마스크를 사용해서 산화막에 구멍을 뚫으려는 부분에 포토 레지스트에 빛을 쬡니다.

(d) 포토 레지스트에 빛이 닿은 부분은 분자 구조가 변화합니다. 특정한 용제에 접촉시키면 분자 구조가 변한 부분만 녹아 없어집니다(현상). 그 결과, 포토 레지스트 층에 구멍이 뚫려 아래에 있는 산화막이 드러납니다.

(e) 산화막에 구멍을 뚫기 위해 **불화수소산**(플루오린화수소산, 플루오린화수소(HF) 수용액)을 사용해 산화막를 녹입니다. 포토 레지스트의 수지와 실리콘은 플루오린산에 녹지 않기 때문에 드러나 있는 산화막만 녹아 없어지게 됩니다.

(f) 마지막으로 용제를 사용해 포토 레지스트를 제거합니다. 그러면 산화막으로 덮여 있던 실리콘 기판에 필요한 부분만 구멍이 뚫려 실리콘 결정이 드러나게 됩니다. 이렇게 해서 필요한 부분에만 불순물을 확산시킬 수 있습니다.

그림 2-22는 한 차례의 공정을 묘사한 것입니다. 한 개의 트랜지스터를 만들기 위해서는 포토 마스크를 실리콘 기판 위에 놓고 빛을 조사해 산화막에 구멍을 뚫고, 불순물을 확산시키는 작업을 여러 번 반복해야 합니다. 그러나 포토 마스크로 패턴을 전사하는 방법이기 때문에 트랜지스터 한 개를 만들든, 100개를 만들든 수고스러움은 변하지 않습니다.

LSI 시대가 되자 포토 마스크 패턴이 복잡해지고 미세해졌기 때문에 (a)~(f)의 공정을 수십 번 반복해야 합니다.

이때 포토 마스크 실리콘 기판의 정해진 위치에 정확하게 맞추는

그림 2-22 • **포토 리소그래피 공정**

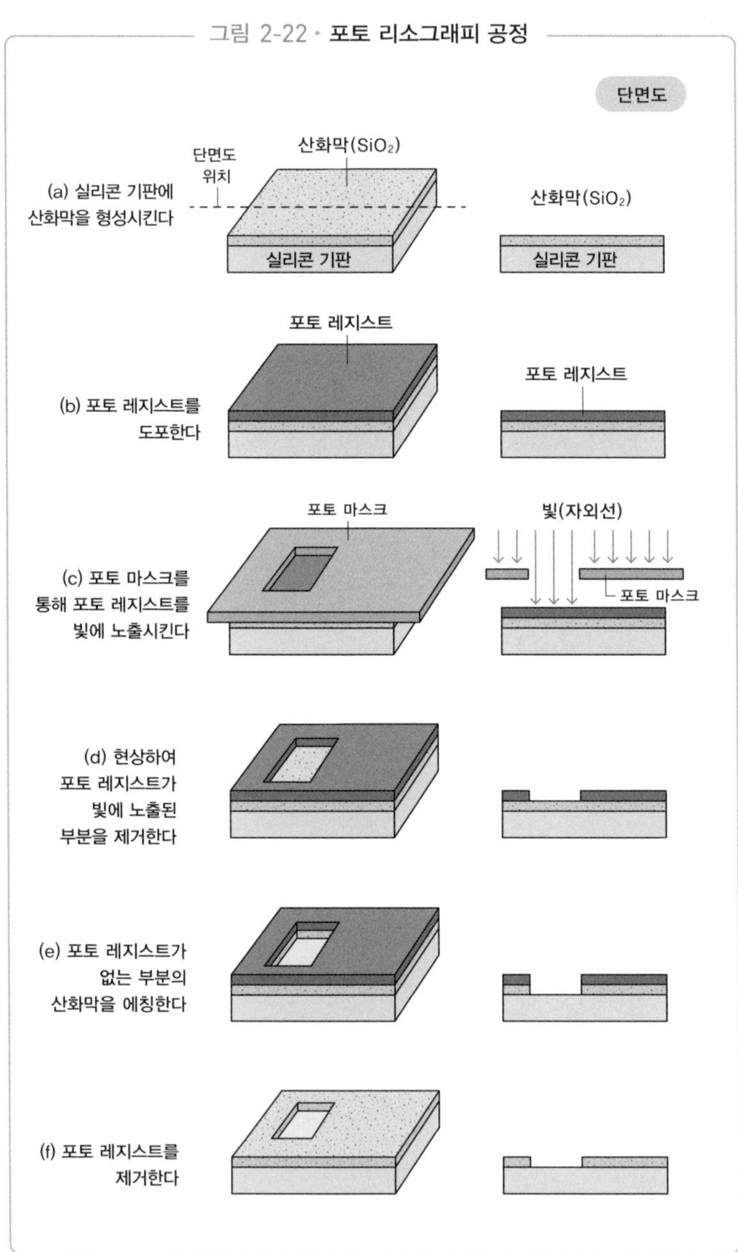

것이 중요합니다. 그래서 스테퍼(축소 투영 노광 장치)라고 불리는 장치가 등장하게 됩니다.

스테퍼는 그림 2-23과 같은 구조의 장치인데, 고압 수은등 또는 레이저에서 나오는 빛을 포토 마스크에 조사합니다. 그리고 투영 렌즈로 포토 마스크에 그린 도형 패턴을 4분의 1~5분의 1 정도로 축소하고 스테이지상의 웨이퍼에 도포한 포토 레지스트를 빛에 노출시킵니다.

웨이퍼 한 장은 가로세로가 20mm 정도 되는 수십 개의 쇼트로 나눌 수 있습니다. 이 쇼트의 크기는 한 번 조사했을 때 빛에 노출되는 범위에 해당합니다.

그림 2-23 • **스테퍼(반도체 노광 장치)의 구조**

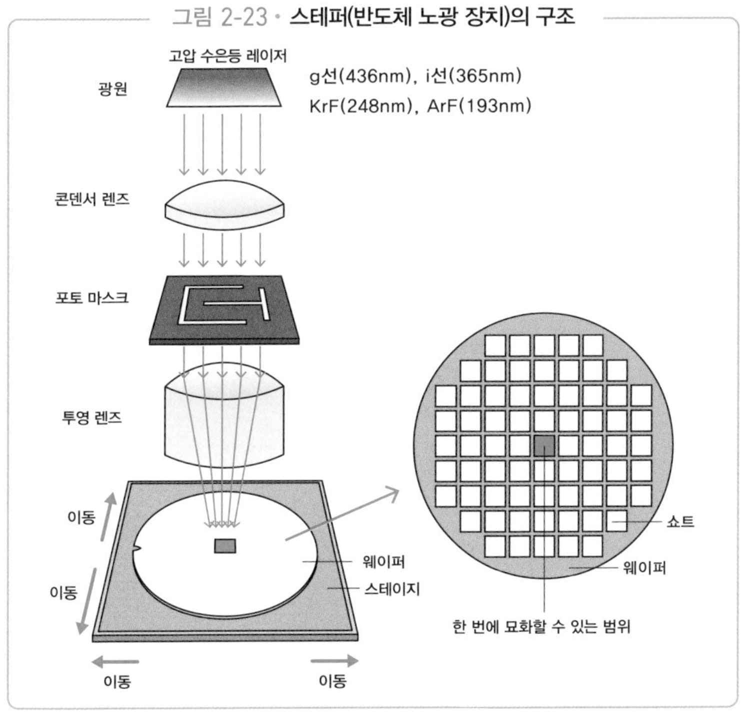

스테퍼는 웨이퍼 한 장 위에 쇼트 한 개의 조사가 끝난 후, 즉시 다음의 쇼트 위치에 스테이지를 이동시켜서 빛에 노출하는 작업을 반복하는 역할을 합니다. 이렇게 위치나 겹쳐지는 부분을 맞출 때 nm 단위의 정밀도가 요구됩니다. 또한 끝부분의 노광 장치는 빛에 노출되는 동안 광원과 스테이지를 동시에 움직이기 때문에 더욱 정밀하게 동작해야 합니다. 이 노광 장치를 스캐너라고 부릅니다.

노출하는 빛의 파장 역시 중요합니다. 호어니(Hoerni)가 포토 리소그래피 기술을 응용한 플레이너형 트랜지스터를 발명한 1959년 당시의 가공 치수는 20~30μm 정도였으며, LSI 메모리가 최초로 만들어진 1970년에도 선 폭은 10μm 정도였습니다. 그런데 2020년이 되자 최소 선폭이 5nm(0.005μm) 정도까지 가늘어졌습니다. 좁은 선폭을 정밀하게 만들기 위해서는 노출하는 빛의 파장을 짧게 해야 했습니다.

초기에는 초고압 수은등을 광원으로 사용하는 g선(파장 436nm)과 자외선의 i선(365nm)이 사용되었습니다. 선이 점점 더 가늘어지면서 파장이 짧은 빛을 사용해야 했기 때문에 KrF 엑시머 레이저(248nm), ArF 엑시머 레이저(193nm)로 바뀌었습니다.

또한 더욱 짧은 파장의 광원으로 EUV광(파장 13.5nm)이 개발되었습니다. 이런 노광 장치는 매우 고가이며, 한 대에 수천억 원을 호가하기도 합니다. 미세 가공을 위해서는 포토 마스크에도 빛의 위상을 제어하는 정밀한 기술이 적용되며, 한 장에 십억 단위의 비용이 듭니다.

최첨단 반도체는 인류가 만들어내는 구조물 중 가장 미세한 것입니다. 이 구조를 실현하기 위해 고도의 기술과 거액의 비용을 투자하고 있습니다.

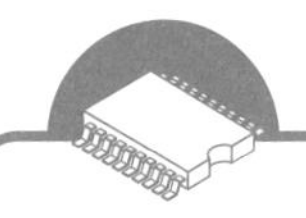

반도체 소자 제작법 2

불순물을 확산시켜 트랜지스터 제작

다음으로 포토 리소그래피를 사용하여 만든 산화막의 홀에, 어떻게 불순물을 특정 장소에 확산시켜 트랜지스터를 제작하는지 그림 2-24에서 설명하겠습니다. 여기서는 npn형의 에피택시얼 플레이너형 트랜지스터를 예로 들어보겠습니다.

그림 2-24는 **선택 확산법**이라는 공정을 그린 것입니다. 이 공정은 불순물을 넣는 장소를 선정해 표면의 산화막에 구멍을 뚫은 다음, 그 부분에만 불순물을 확산시키는 방법입니다.

(g) 컬렉터 역할을 하는 n형 에피택시얼 층 표면에 산화막이 형성되고, 베이스 층을 만들기 위해 구멍이 뚫려 있는 상태입니다. 이것은 그림 2-22의 (f)에 해당합니다.

(h) 베이스 층을 p형으로 하기 위해 불순물로 붕소와 같은 Ⅲ족 원소를 포함하는 가스를 분사한 다음, 산화막의 구멍을 통해 실리콘 기판의 에피택시얼 층으로 확산시킵니다.
산화막은 불순물 원소를 통과시키지 않기 때문에, 이것을 마스크로 사용하면 구멍이 뚫려 있는 부분만 p형이 됩니다. 확산 온도와 시간을 정확하게 제어하면 실리콘 전체에 불순물이 퍼지지 않고 필요한 깊이까지 들어가도록 조절할 수 있습니다.

그림 2-24 • 선택 확산법을 적용한 트랜지스터 제작

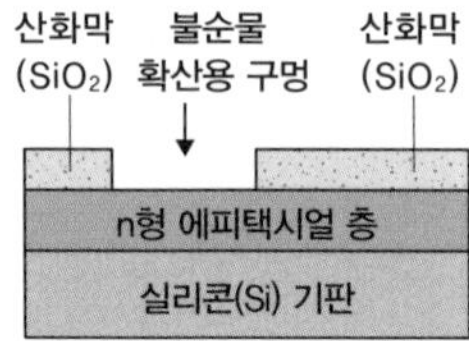

(g) 실리콘 기판 표면의 산화막에 불순물 확산용 구멍을 뚫는다 (그림 2-22의 (f)에 해당)

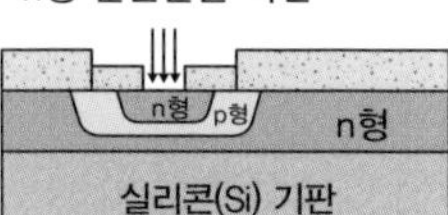

(k) 산화막 구멍에서 n형 불순물을 확산시킨다

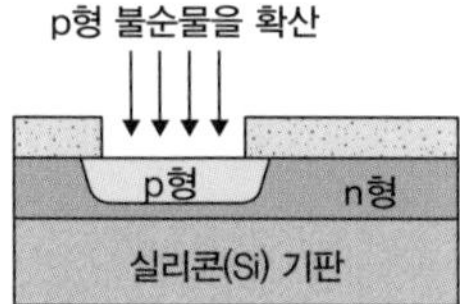

(h) 산화막 구멍을 통해 p형 불순물을 확산시킨다

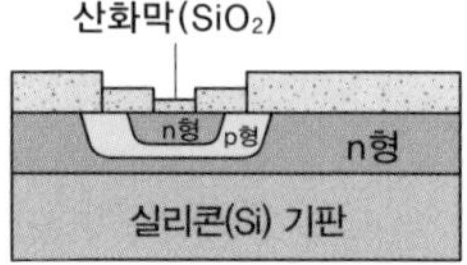

(l) 표면을 재산화해서 산화막으로 덮는다

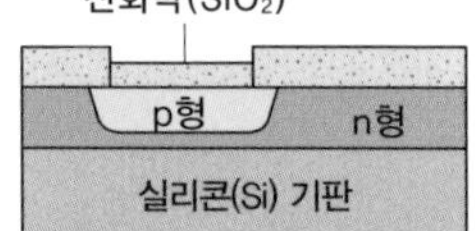

(i) 표면을 재산화해서 산화막으로 덮는다

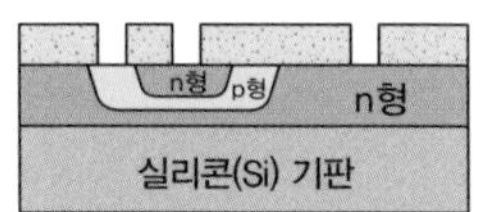

(m) 표면 산화막에 전극 증착용 구멍을 뚫는다 (그림 2-22의 (f)에 대응)

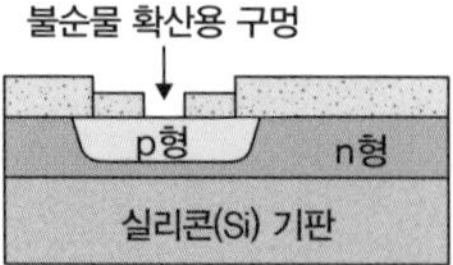

(j) 표면 산화막에 불순물 확산용 구멍을 뚫는다 (그림 2-22의 (f)에 해당)

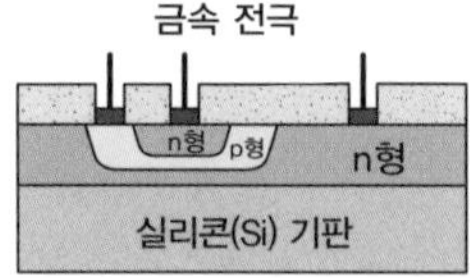

(n) 산화막 구멍에 금속을 증착한다

(i) (h)의 확산이 끝난 후, 표면을 산화막으로 다시 덮습니다.

(j) 이미터 층을 만들기 위한 두 번째 확산을 위해 그림 2-22의 포토 리소그래피 공정을 다시 반복합니다. (i)에서 만든 베이스 층 위의 산화막에 구멍을 뚫는데, 이 구멍은 베이스 층 위에 정확하게 위치해야 합니다.

(k) 이 구멍에서 p형 베이스 층 안에 n형 이미터 층을 만들기 위한 불순물로 인과 같은 V족 원소를 (h)와 같은 방법으로 확산시킵니다.
이미터 층을 만들 때는 베이스가 얇게 만들어짐과 동시에 베이스 층을 관통하지 않게 하기 위해서 온도와 시간을 정확하게 제어해야 합니다.

(l) (k)의 확산이 종료되면 표면을 산화막으로 다시 덮습니다.

(m) 그림 2-22의 포토 리소그래피 공정을 다시 반복한 다음, (l)에서 만든 산화막 표면에 전극을 붙이기 위한 구멍을 뚫습니다.

(n) (m)에서 뚫은 구멍에 알루미늄과 같은 금속을 증착시킨 후 베이스, 이미터, 컬렉터의 각 전극을 부착하면 트랜지스터가 완성됩니다.

금속 전극을 증착시키기 위해서는 진공으로 만든 용기 내부에 금속을 가열해 증발시키고, 금속 증기가 닿는 곳에 기판을 배치해 얇은 금속 막을 입히는 **진공 증착법**(그림 2-25)을 사용합니다.

최근에는 실리콘 기판이나 금속에 전압을 걸어서 막 두께의 균일성과 막의 품질을 향상시키는 **스퍼터링 기법**을 많이 사용하고 있습니다.

이 공정에서는 확산 마스크로 사용한 얇게 입혀진 산화막을 제거하

그림 2-25 • 진공 증착법을 적용한 금속 전극 제작

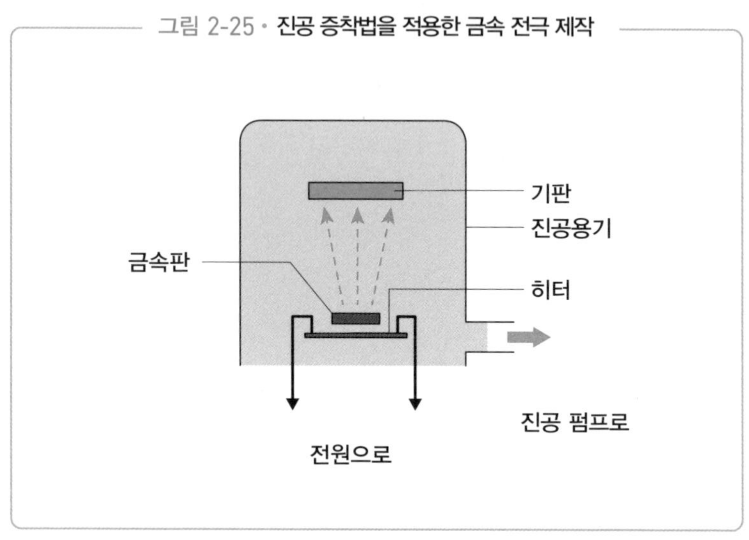

지 않고 그대로 남겨두는 것이 중요합니다. 실리콘과 같은 반도체 표면을 공기 중에 노출한 상태로 놔두면 트랜지스터의 중요한 접합부가 대기의 산소나 수증기와 반응해 트랜지스터의 특성이 바뀌거나, 신뢰성을 잃게 되기도 합니다.

이 트랜지스터 구조는 표면이 평평한 플레이너 타입입니다. 플레이너형의 특징 중 하나는 포토 마스크에 구멍을 많이 뚫어 두면 필요한 곳에 필요한 개수의 트랜지스터를 동시에 제작할 수 있다는 점입니다. 이것은 나중에 IC, LSI 제작으로 이어지는 중요한 기술입니다.

그림 2-24에서는 양극성 트랜지스터를 언급했지만, MOSFET의 경우에도 완전히 똑같이 제작할 수 있습니다. 그러나 양극성 트랜지스터를 제작할 때의 불순물은 열 확산을 사용하는 경우가 많은데 비해, MOSFET에서는 불순물의 양을 보다 미세하게 제어해야 하기 때문에 더욱 정밀하게 도핑할 수 있는 이온 주입법을 사용합니다.

이온 주입법에 대해서는 그림 2-26을 살펴보기 바랍니다. 이것은 인, 비소, 붕소 같은 불순물을 진공 상태에서 이온화한 다음, 이것을 높은 전계에서 가속시켜 반도체 기판의 표면에 집어넣는 형태로 불순물을 주입하는 방법입니다.

불순물을 주입하는 깊이는 가속 전압에 따라 결정되며, 불순물의 농도는 이온 빔의 전류와 전압에 의해 결정되기 때문에 도핑되는 불순물을 정확히 제어할 수 있습니다.

그림 2-26 • **이온 주입법을 적용한 불순물 확산**

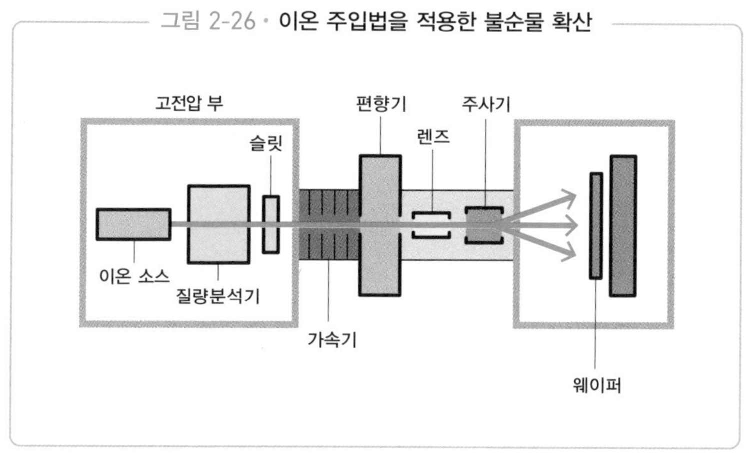

반도체에 대해 더 알아봅시다

터널 다이오드의 발명

이번 장에서 이야기한 것처럼, 1957년경 도쿄통신공업에서 세계 최초로 트랜지스터라디오를 만들기 위해 트랜지스터의 고주파 특성을 개선하려고 시도했습니다.

그러던 도중 트랜지스터의 이미터 부에 첨가하는 불순물 인의 농도가 높은 편이 고주파 특성이 좋다는 사실을 알게 되었습니다. 그러나 그 방법으로 트랜지스터를 제작하자 불량품이 속출했습니다. 그 원인은 이미터를 고농도의 n형으로 만든 pn 접합 때문이었습니다.

당시 pn 접합을 연구하던 연구원 에사키 레오나가 이 문제를 해결하기 위해 동원되었습니다. 그는 도핑할 수 있는 최대의 불순물 양을 파악하기 위해 불순물 농도를 높여 가며 실험을 계속했습니다.

트랜지스터의 불순물 농도는 컬렉터와 베이스 부의 경우 1000만 분의 1(원자 수로 비교했을 때) 정도지만, 이미터 부는 불순물 농도를 높여 10만 분의 1 정도로 만들었습니다. 이미터의 불순물 농도를 계속해서 1만 분의 1, 1000분의 1처럼 점차 높이자, pn 접합 다이오드의 전압 전류 특성에 음저항이 발생했습니다.

일반적인 저항은 전압을 높이면 전류도 상승합니다. 이것과는 반대로, 전압을 높이면 전류가 하강하는 특성을 **음저항**이라고 합니다.

실제로 그림 2-A와 같이, 가로축 전압이 70mV~400mV인 구간에서는 전압이 상승하면 전류가 하강합니다. 게다가 일반적인 다이오드에서는 점선으로 나타내는 특성이 되며, 이 구간에서 전류는 거의 흐르

그림 2-A • 터널 다이오드의 전압과 전류 특성

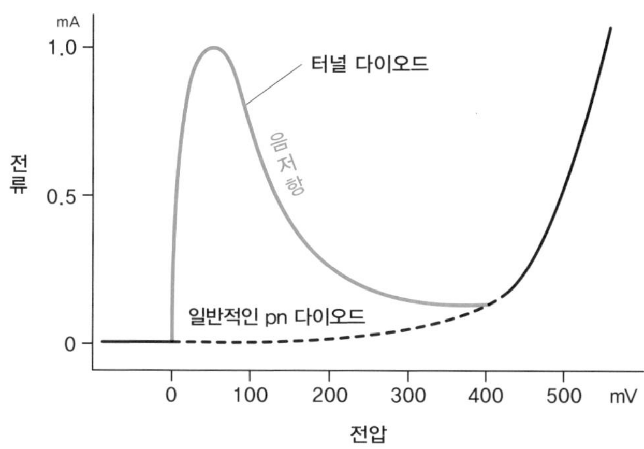

지 않습니다.

이 영역에서도 전류가 흐르는 것은 양자역학적인 터널 효과로 인한 것입니다. 다시 말해, 불순물 농도가 높은 반도체로 pn 접합을 만들면 접합부의 전기적인 장벽이 얇아져 전압이 낮아도 전자가 이 얇은 벽을 터널처럼 지나갈 수 있다는 것입니다.

바로 이런 특성에서 '터널 다이오드'라는 이름이 붙게 되었습니다. 일반적인 pn 접합 다이오드의 경우에는 전류가 거의 흐르지 않는 300mV 이하 영역에서도 전류가 흐르는 이유가 여기에 있습니다. 전압을 어느 정도 더 높이면, 이번에는 n형에서 p형 영역으로 흘러 들어가려고 하는 전자 에너지가 일반적인 다이오드와 같은 상태가 되어 음저항이 사라지게 됩니다.

에사키가 이것을 발견했을 당시에 일본에서는 별다른 반응이 없었습니다. 그러나 이듬해인 1958년 에사키의 논문이 세계적인 학회지 〈피지컬 리뷰(Physical Review)〉에 게재되면서 평가가 완전히 달라졌습니다. 게다가 그해 6월에 벨기에 브뤼셀에서 열린 학회에서 윌리엄 쇼클리가 이 논문을 언급하며 크게 칭찬했습니다. 이를 계기로 터널 다이오드는 순식간에 유명해졌고, 발명한 사람의 이름을 따서 '에사키 다이오드'라고 부르기도 했습니다.

당시 미국의 연구자들은 컴퓨터의 처리 속도를 향상시키기 위한 고속 스위칭 소자를 발명하기 위해 힘쓰고 있었습니다. 그때는 트랜지스터로 고속 동작을 실현하기 어려운 시대였습니다.

터널 다이오드는 양자역학적인 효과 때문에 응답 속도가 매우 빨랐으며, 이를 획기적인 소자로 활용할 수 있는 가능성에 전 세계가 주목했습니다. 그런데 터널 다이오드는 한때 이렇게 이목을 끌었지만 본격적으로 활용되지 못하고 자취를 감춰 버렸습니다.

그렇게 된 가장 큰 이유는 트랜지스터 기술의 발전과 관련 있습니다. 트랜지스터의 한계 주파수가 대폭 향상되면서 동작 속도 면에서 터널 다이오드가 필요하지 않게 되었기 때문입니다.

터널 다이오드를 발명한 에사키는 고체(반도체) 내의 터널 효과를 처음으로 실증한 공적을 인정받아 1973년에 노벨 물리학상을 수상했습니다.

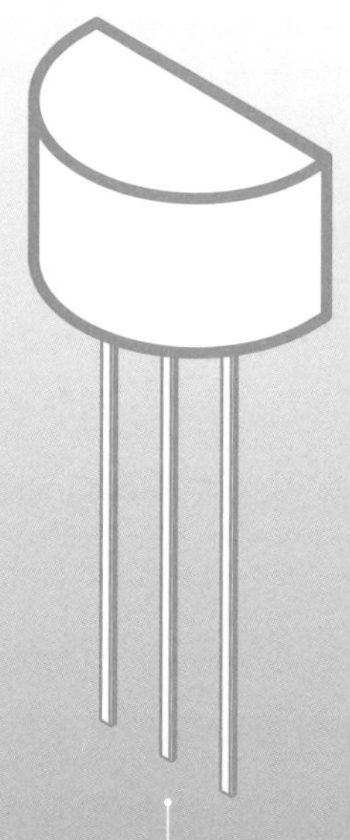

CHAPTER

3

계산하는 반도체

아날로그 반도체와 디지털 반도체

계산하는 디지털 반도체

이번 장에서는 '계산하는 반도체'가 어떤 원리로 작동하는지 다뤄 보겠습니다. 이를 위해서는 먼저 아날로그와 디지털의 차이를 알아야 합니다.

아날로그와 디지털의 차이에 대해 일반적으로는 그림 3-1과 같이 시계나 파형의 차이에 대한 이야기를 하곤 합니다. 이 설명이 틀린 것은 아니지만 본질적이지는 않습니다.

여기서 말하는 디지털의 본질이란 '컴퓨터가 이해할 수 있는 것'을

그림 3-1 • 아날로그와 디지털의 차이

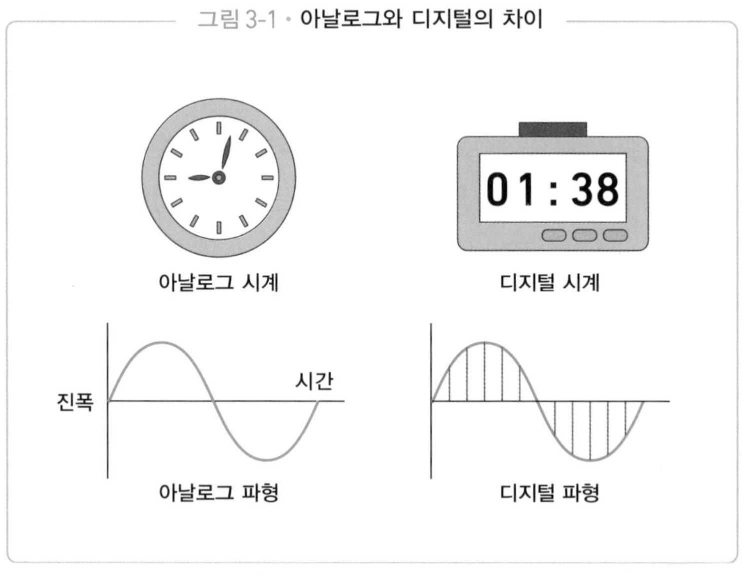

의미합니다. 그림 3-1의 디지털시계는 '01:38'이라는 '숫자'를 표시하고 있으며, 컴퓨터에 입력하여 처리할 수 있습니다.

한편, 아날로그 시계가 가리키는 시각 자체로는 컴퓨터가 이해할 수 없습니다. 그러나 아날로그 시계의 데이터를 디지털카메라로 촬영해 디지털 화상으로 만들면, 컴퓨터가 이 화상을 해석해 시간을 인지할 수 있습니다. 이 디지털 화상 역시 디지털이라고 할 수 있습니다.

컴퓨터 안에서 계산을 담당하는 부품은 반도체 소자입니다. 다시 말해 반도체가 이해할 수 있는 '숫자'가 디지털 데이터라는 것입니다.

다만 반도체가 처리할 수 있는 숫자는 우리가 사용하는 숫자와는 약간 차이가 있습니다. 반도체는 0과 1밖에 인식할 수 없습니다. 그렇기 때문에 우리가 사용하는 십진법과는 달리, 반도체는 **이진법**을 사용합니다.

이진법이란 그림 3-2와 같이 0과 1 두 개의 숫자만을 사용해 수를 나타내는 방법입니다. 이진법의 '1'은 십진법과 마찬가지로 '1'을 의미합니다. 그러나 이진법에서는 '2'라는 숫자가 없기 때문에, 십진법의 2를 이진법에서는 받아 올려서 '10'이라고 표시합니다.

반도체의 메모리 용량을 표기할 때 256이나 1024, 65536 등 그다지 익숙하지 않은 숫자가 사용되는데, 이 숫자는 반도체에 사용하는 이

그림 3-2 • **이진법 표기**

십진법	0	1	2	3	4	5	6	7	8	9	10
이진법	0	1	10	11	100	101	110	111	1000	1001	1010

256 (십진법) → 100000000 (이진법)
1024 (십진법) → 10000000000 (이진법)
65536 (십진법) → 10000000000000000 (이진법)

진법에서는 잘 맞아떨어지는 수입니다.

그러나 십진법이든 이진법이든 수를 표현한다는 것은 매한가지이므로 이진법도 우리가 흔히 사용하는 십진법과 같이 활용할 수 있습니다.

그림 3-3에서 십진법의 2+3과 3×3을 이진법으로 계산한 예를 들어 보겠습니다. 그림을 보면 이진법도 십진법과 마찬가지로 계산한다는 것을 알 수 있습니다. 소수도 정의할 수 있기 때문에, 십진법으로 나타낼 수 있는 수는 이진법으로도 나타낼 수 있습니다. 그러므로 반도체 역시 숫자라면 무엇이든 이해한다고 할 수 있습니다. 이 반도체가 이해할 수 있는 '숫자'가 바로 디지털 데이터입니다.

컴퓨터에서 정보를 처리, 다시 말해 '계산하기' 위해서는 반도체에 두 가지 기술이 필요합니다. 하나는 0과 1을 처리하는 디지털 회로를 다루는 반도체 소자 기술, 다른 하나는 이 반도체 소자를 대량으로 제작하는 기술입니다.

다음의 내용에서는 0과 1을 처리하는 반도체 소자 기술에 대해 설명해 보겠습니다.

그림 3-3 • **이진법 계산**

10+11(2+3)의 계산

```
    10(2)
+   11(3)
---------
   101(5)
```

11×11(3×3)의 계산

```
     11(3)
×    11(3)
----------
     11(3)
    11 (6)
----------
   1001(9)
```

※괄호 안은 십진법일 때의 값

nMOS와 pMOS를 조합한 CMOS

디지털 처리에 빼놓을 수 없는 회로

디지털 정보를 다루는 기본적인 소자는 CMOS입니다.

CMOS는 소비전력이 적고, 소형화에 뛰어나기 때문에 고집적화하기 쉽습니다. 그러므로 0과 1의 디지털 정보를 처리하는 반도체에는 필수로 사용되며, 디지털 처리를 하는 지금의 IC나 LSI에는 빼놓을 수 없는 존재입니다.

MOSFET에는 nMOS와 pMOS, 두 종류가 있습니다. 이 nMOS와 pMOS를 함께 하나의 기판 위에 배치한 회로가 CMOS입니다. CMOS의 C는 'Complementary'의 이니셜이며, '상호 보완적인'이라는 뜻을 갖고 있습니다.

그림 3-4는 CMOS 회로를 그린 것입니다. 그림에서 보듯 CMOS는 pMOS와 nMOS를 직렬로 연결한 형태로 구성되어 있습니다. 그림의 왼쪽과 오른쪽은 MOSFET의 기호가 다른 것 외에는 동일합니다.

pMOS와 nMOS 게이트는 공통으로 연결되어 있으며, 같은 입력 전압 V_{IN}을 인가합니다. 또한 pMOS와 nMOS는 드레인끼리 연결되어 있어, 여기에서 출력 전압 V_{OUT}을 출력할 수 있습니다.

MOSFET에 대해 설명한 것처럼 동일한 게이트 전압에 대해 pMOS와 nMOS는 반대로 동작합니다. 즉, 게이트 전압을 플러스로 만들면 nMOS는 ON이 되고, pMOS는 OFF가 됩니다.

다시 말해, 그림 3-5와 같이 게이트 전압에 플러스를 입력하면

그림 3-4 • CMOS 회로

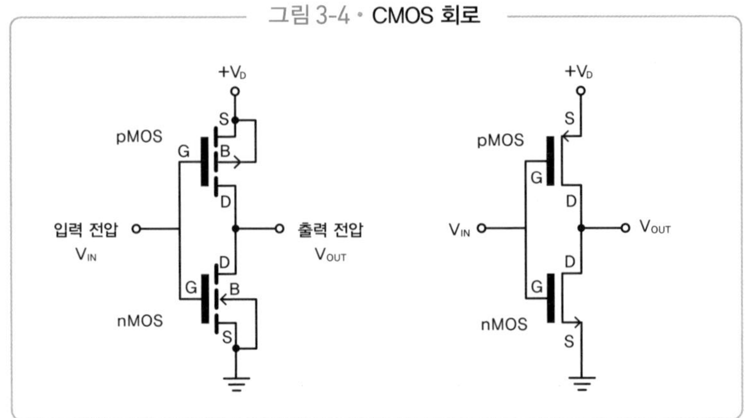

pMOS 스위치는 OFF가 됩니다. 이때 nMOS 스위치는 ON이 되며, 출력 단자는 0V의 접지 단자에 연결됩니다. 그 결과 출력 전압은 거의 0V가 됩니다.

반대로 게이트 전압을 0V에 가깝게 낮추면 nMOS는 OFF가 됩니다. 반대로 pMOS는 ON이 되어 출력 전압은 전원 전압 V_D가 됩니다.

다시 말해 CMOS는 입력이 HIGH(V_D)일 때는 출력이 LOW(0V)가 되고, 입력이 LOW일 때는 출력이 HIGH가 됩니다. 이 회로는 입력과 출력을 전환하는 회로인데, 이것을 '인버터 회로'라고 부릅니다. 디지털 회로에서 인버터 회로는 주로 ON, OFF를 전환하는 소자로 사용됩니다. 이 CMOS 회로를 LSI로 만들기 위해서는 동일한 반도체 기판에 nMOS와 pMOS라는 반대의 MOSFET을 만들어야 합니다.

그림 3-6은 CMOS의 구조를 나타낸 것입니다. CMOS를 만들기 위해서는 먼저 p형 실리콘 기판에 nMOS를 만들어야 합니다. 여기에 pMOS를 만들기 위해서 먼저 p형 실리콘 기판에 n **웰**(Well, '우물'을 의미함)이라는 n형 영역을 형성하고, 그 안에 pMOS를 만드는 방법을 적용합니다.

그림 3-5 • CMOS 회로의 동작 원리

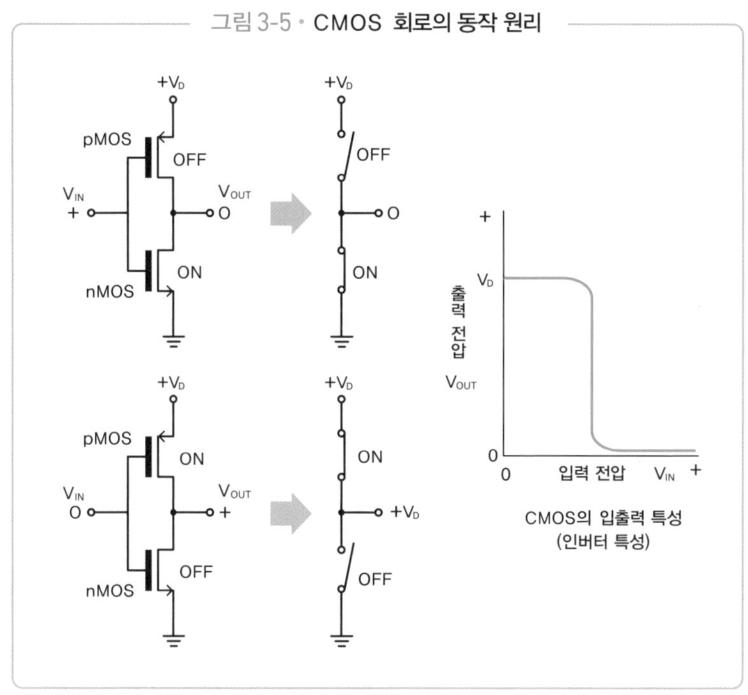

그림 3-6 • CMOS의 구조

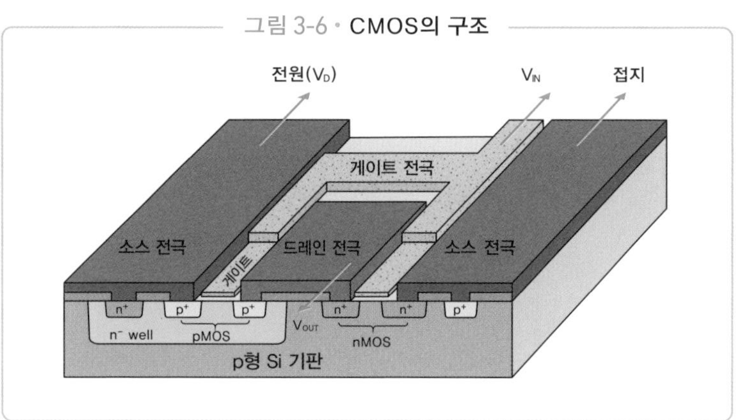

인버터 회로는 nMOS만 가지고 만들 수 있습니다. 이렇게 구성된 예는 그림 3-7에서 볼 수 있습니다.

이 그림에서 입력 전압 V_{IN}은 nMOS의 게이트 전압 V_G가 됩니다. 게이트 전압이 임계치 전압 V_{th}보다 낮은 경우에는 nMOS가 OFF가 되고, 드레인 전류 I_D가 흐르지 않기 때문에 출력 전압 V_{OUT}은 전원 전압 V_D가 됩니다.

한편 게이트 전압 V_G가 V_{th}를 초과하면 드레인 전류가 흐르기 시작합니다. 그리고 게이트 전압이 V_{G1}에 도달하면 nMOS는 더 이상 드레인 전류가 흐르지 못하는 포화 상태가 됩니다. 다시 말해, 스위치는 완전히 ON 상태가 되는 것입니다. 이때의 출력 전압은 거의 0볼트가 됩니다.

게이트 전압이 V_{th}와 V_{G1} 사이의 영역인 경우에는 게이트 전압과 드레인 전류가 비례해 증가하기 때문에 아날로그 신호에 대한 선형 증폭기로 동작합니다. 이 nMOS 인버터 회로에서는 트랜지스터가 ON일 때 항상 전류가 흐릅니다. 그러므로 소비 전력이 커진다는 단점이 있습니다.

한편 CMOS의 경우에는 ON과 OFF 상태 모두 전류가 흐르지 않기 때문에 소비 전력이 0에 가깝습니다. 많은 양의 회로를 사용하는 디지

그림 3-7 • nMOS 단독으로 구성한 인버터 회로

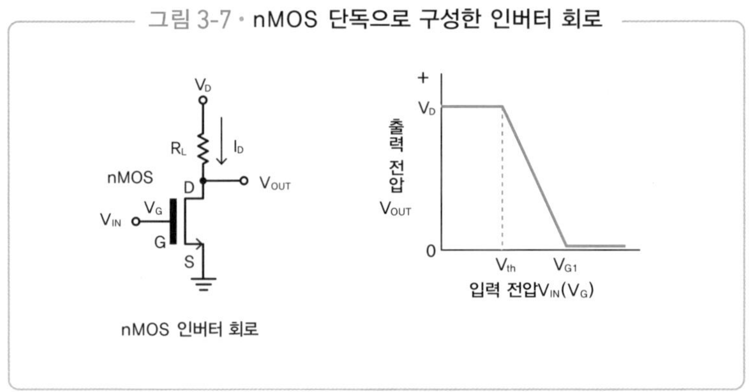

털 회로 LSI에서는 소비 전력이 작은 편이 훨씬 유리합니다.

그렇기는 하지만 1970년대까지는 CMOS 회로의 동작 속도가 느리다는 단점이 있었습니다. 따라서 고속 동작이 요구되는 컴퓨터 등에서는 속도가 빠른 nMOS 인버터 회로가 주로 사용되었습니다. CMOS 회로의 속도가 느린 이유는 nMOS와 pMOS라는 두 종류의 MOSFET을 동일 기판 위에 만들어야 하기 때문에, 이 둘을 동시에 최적화하지 못한 것이 원인이었습니다. 그림 3-6의 CMOS의 단면적에서 p형 실리콘 기판과 n형 웰 불순물 농도를 각각 독립적으로 조정하지 못했던 것이 회로가 느려지는 원인이 된 것입니다.

이런 단점을 제거하기 위한 연구가 계속되었고, 1978년에는 일본 히타치에서 그림 3-8과 같은 이중 웰 구조를 가진 CMOS를 개발했습니다. 실리콘 기판 위에 p형 웰과 n형 웰을 만들고, 웰의 불순물 농도를 각각 최적화해서 고속으로 동작할 수 있게 한 것입니다.

이런 연구가 진행된 결과, CMOS 회로는 nMOS 회로에 버금가는 고속 동작을 할 수 있게 되었습니다. 지금은 CMOS가 완전히 중심 기술이 되었으며, 대부분의 디지털 회로에 사용되고 있습니다.

CMOS 회로를 사용해 HIGH(1)와 LOW(0)의 전압을 바꿀 수 있다는 것을 알게 되었습니다.

그림 3-8 • **이중 웰 구조의 CMOS**

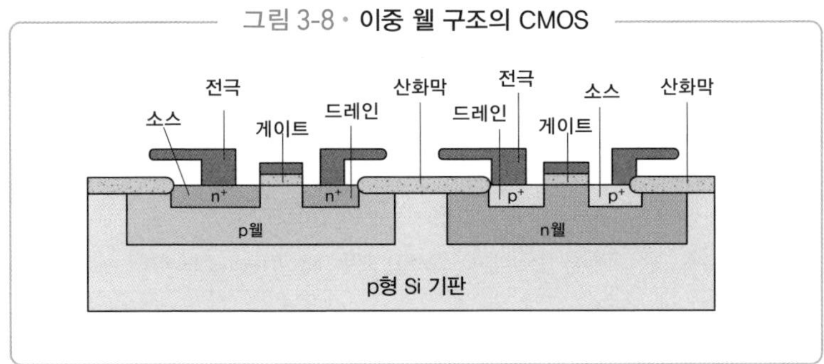

CMOS 회로를 사용해 계산할 수 있는 구조

0과 1만으로 복잡한 계산을 할 수 있다

반도체는 0과 1로 더 복잡한 계산도 수행할 수 있습니다.

부울대수라고 하는 수학 분야가 이 계산의 수학적인 토대가 됩니다. 부울대수는 0과 1 두 값만 사용하는 수학으로, 이것을 반도체의 회로에 구현할 수 있습니다.

부울대수의 기초 연산은 그림 3-9에서 확인할 수 있습니다. 여기에는 논리 부정(NOT), 논리곱(AND), 논리합(OR), 이렇게 세 종류가 있습니다. 부울대수이므로 이 식의 변수 A나 B는 0이나 1 중 어느 한 가지 값을 취합니다. 예를 들어 A=1이면 $\overline{A}$=0, A=1이고 B=0이면 A·B=0이므로 A+B=1이 됩니다.

이 부울대수의 연산은 CMOS 회로에서 구현할 수 있습니다. 먼저 논리 부정(NOT)을 CMOS로 구현한 것을 그림 3-10에서 볼 수 있습니다. 이것은 앞에서 소개한 인버터 회로가 됩니다.

다음으로 논리곱의 회로는 그림 3-11을 보세요. 이때 입력은 A나 B

그림 3-9 · **주요 논리 연산**

논리 부정(NOT)	$\overline{A}$	→ A가 1이면 0, A가 0이면 1
논리곱(AND)	A · B	→ A와 B 모두 1일 때는 1, 그 밖의 경우에는 0
논리합(OR)	A+B	→ A와 B 모두 0일 때는 0, 그 밖의 경우에는 1

두 단자이고, 출력은 OUT 단자 한 개입니다. 이때, 그림에서 보는 것처럼 MOSFET의 회로를 만들면 논리곱 계산이 가능하다는 것을 알 수 있습니다.

마지막으로는 논리합 회로를 그림 3-12에서 볼 수 있습니다. 이 경우에는 MOSFET이 여섯 개인데, 논리 부정이나 논리곱보다 필요한 MOSFET 수가 더 많습니다. 그러나 이런 회로를 만들면 논리합도 계

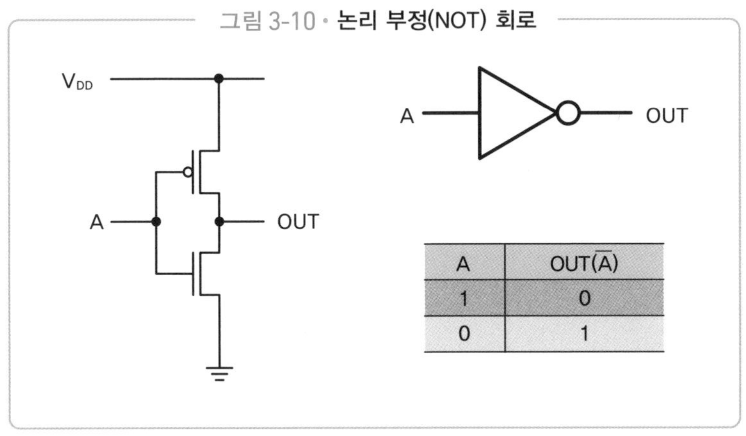

A	OUT($\overline{A}$)
1	0
0	1

그림 3-10 • **논리 부정(NOT) 회로**

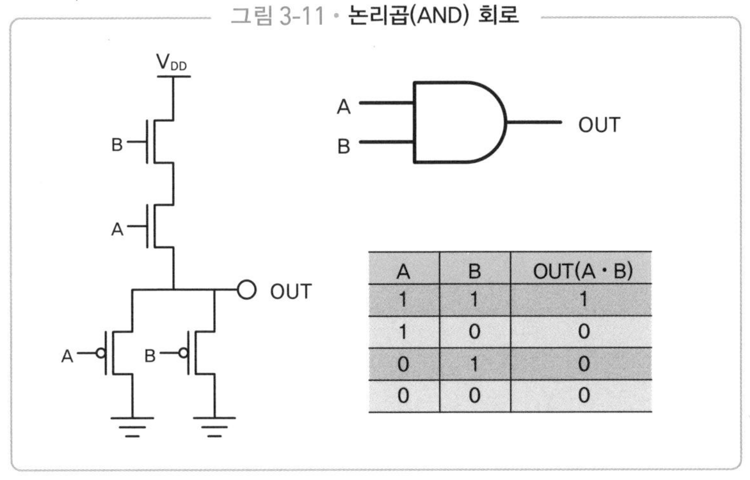

A	B	OUT(A · B)
1	1	1
1	0	0
0	1	0
0	0	0

그림 3-11 • **논리곱(AND) 회로**

산할 수 있습니다.

이런 연산은 불대수의 가장 기초적인 연산입니다. 그러나 예를 들어 다수 입력, 다수 출력 같은 복잡한 연산에서도 CMOS 회로를 조합하면 연산을 할 수 있게 됩니다.

이번에는 AND, OR, NOT을 사용해 이진수의 덧셈을 하는 회로를 만드는 경우를 생각해 보겠습니다. 그림 3-13처럼 A와 B를 입력, C와 D를 출력으로 하는 연산을 생각해 봅시다. 이 연산은 그림에서 볼 수 있는 것처럼 'A+B=CD'라는 식이 이진수의 덧셈을 나타낸다는 것을 알 수 있습니다.

이 연산을 입력하는 회로를 그림 3-14 (a)에서 볼 수 있습니다. 예를 들어, A=1, B=1이라고 하면 기대하는 출력값인 C=1, D=0을 얻을 수 있음을 알 수 있습니다. 인공지능이나 화상 인식 기술처럼 인간에 필적할 만한 고도의 처리 기술을 가지고 있는 것처럼 보입니다.

그림 3-12 • 논리합(OR)의 회로

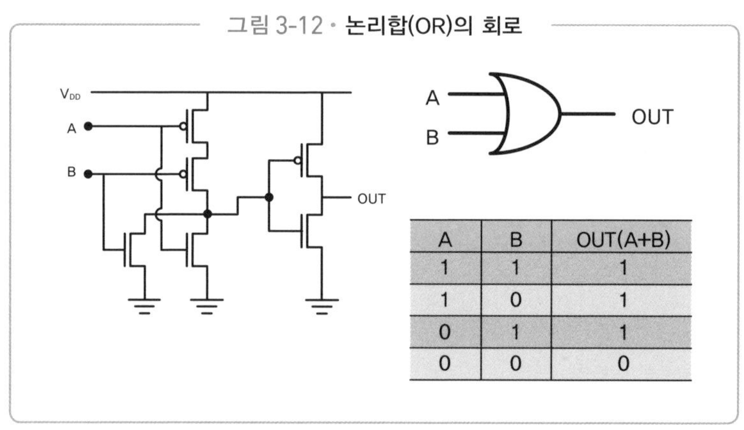

A	B	OUT(A+B)
1	1	1
1	0	1
0	1	1
0	0	0

그러나 근본이 되는 원리는 0과 1을 다루는 논리연산에 지나지 않습니다. 복잡한 제어는 이 단순한 처리 기술의 수가 매우 많고, 고속으

그림 3-13 • **이진수의 덧셈을 나타내는 논리연산**

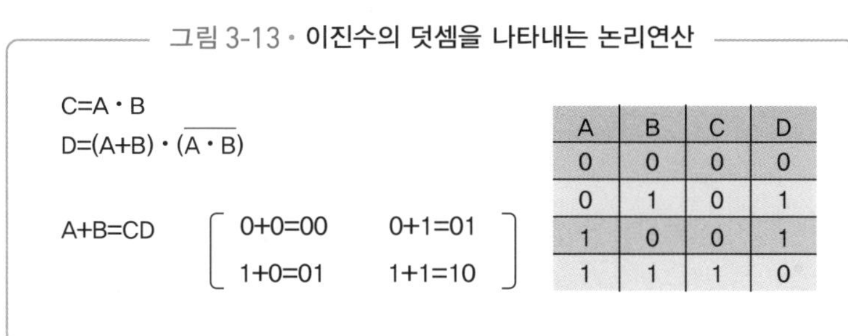

A	B	C	D
0	0	0	0
0	1	0	1
1	0	0	1
1	1	1	0

로 이루어지기 때문에 성립하는 것입니다. 이 원리는 컴퓨터가 전 세계에서 사용되기 시작할 무렵부터 거의 50년 동안 변하지 않았습니다. 아마 이런 상황이 변할 일은 없을 것입니다.

그림 3-14 • **이진법의 덧셈을 나타내는 회로의 예**

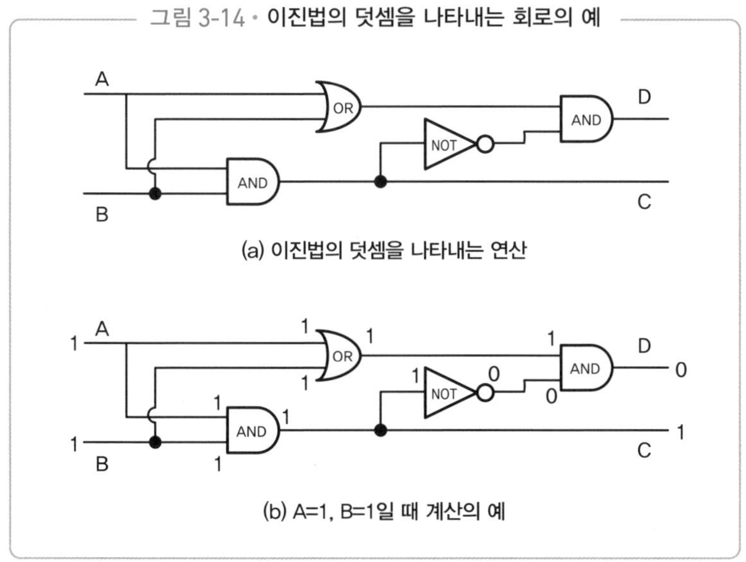

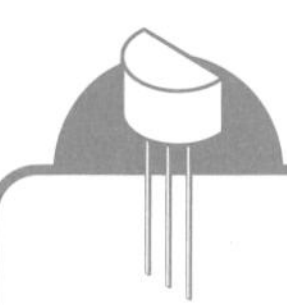

IC와 LSI

동일한 반도체 기판상에 전자 회로를 만들다

최초의 트랜지스터는 진공관을 교체하는 형태로 사용되었습니다. 프린트 기판상에 저항이나 콘덴서 같은 부품과 함께 탑재되고, 납땜을 해서 고정했습니다. 그러나 이 방법은 소자 수가 많아질수록 비용이 증가하고, 부품이 많아질수록 고장이 많이 발생하기 때문에 신뢰도가 떨어집니다.

그래서 그림 3-15와 같이, 한 개의 실리콘 칩 위에 복수의 트랜지스터와 MOSFET, 저항기, 콘덴서 같은 소자를 만들고 소자 사이를 연결하는 배선을 형성해서 필요한 전자 회로를 만드는 방법을 고안했습니다. 이 방법이 IC(Integrated Circuit, 집적 회로)입니다.

앞에서 언급한 것처럼, 칩은 리소그래피를 만들어 형성하기 때문

그림 3-15 • **프린트 기판상에서 IC로**

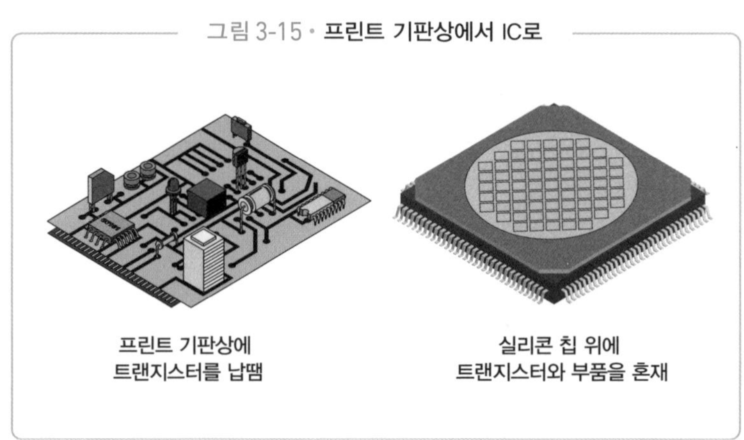

에, 한 장의 마스크 내에서라면 한 개를 만들든, 100개를 만들든 비용이나 공수가 달라지지 않습니다. 그러므로 칩상의 소자 사이즈를 축소하고, 한 개의 칩에 집적할 수 있는 소자 수를 늘렸습니다.

그렇게 해서 IC → LSI(대규모 집적 회로) → VLSI(초대규모 집적 회로)로 더 큰 규모의 집적화가 진행되었습니다. 명확히 규정된 정의는 없지만, 일반적으로 칩 한 개당 1000개 이상의 소자를 탑재한 것을 LSI, 10만 개 이상의 소자를 탑재한 것을 VLSI라고 부릅니다.

앞에서 설명한 것처럼 특히 디지털 회로를 만들 때는 많은 수의 CMOS를 채워 넣어야 합니다. 이런 고집적화를 통해 반도체의 가능성이 순식간에 커지게 되었습니다.

전자회로를 집적화하는 것은 디지털 회로의 집적화 외에도 큰 장점이 있습니다. 그중 한 가지가 소형화에 따른 소비 전력 저감입니다. 집적도가 높아질수록 배선이 짧아져서 전력 소비가 적고, 에너지를 절약할 수 있게 됩니다. 또한 불필요한 열이 발생하지 않기 때문에 기기의 수명이 길어지는 효과도 있습니다.

게다가 배선도 일체형으로 제조하기 때문에 배선 연결로 인한 불안정성을 줄일 수 있어서 신뢰도가 향상되었습니다. 프린트 기판상에 소자를 납땜했을 때는 연결 부위에서 자주 문제가 발생했던 것입니다.

IC를 발명한 사람은 텍사스 인스트루먼트(TI, Texas Instrument)의 킬비(J. S. Kilby)로, 1959년 2월에 그림 3-16의 특허를 출원했습니다.

이 특허가 바로 그 유명한 킬비 특허로, 동일한 반도체 결정 기판상에 동일한 프로세스로 트랜지스터와 다이오드, 저항기, 콘덴서, 배선 등을 형성하는 구조입니다. 이 기술이 획기적이었던 이유는 회로를 구성하는 모든 소자를 실리콘 반도체 칩상에서 구현할 수 있다는 점

그림 3-16 • **킬비 특허**

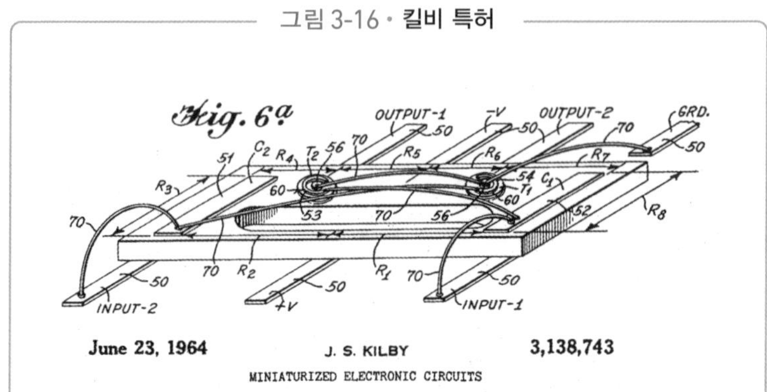

출처 : 미국 특허상표국

이었습니다.

킬비가 아이디어를 내고 실제로 제작한 IC는 오늘날에는 유치해 보이지만, 동일한 칩상에 트랜지스터, 다이오드, 저항기, 콘덴서 등을 탑재해 IC를 구성한다는 개념은 특허로 남아 있었기 때문에 그 이후 다른 반도체 업체를 매우 힘들게 했습니다.

킬비의 이런 아이디어를 실용화하여 발전시킨 것은 플레이너형 트랜지스터 기술을 기반으로 한 실리콘 플레이너 IC 기술입니다. 페어차일드의 노이스(Noyce)가 이 기술을 고안했고, 1959년 7월에 그림 3-17과 같은 특허를 출원했습니다.

킬비의 특허는 동일 기판상에 여러 개의 소자를 배치한 전자회로라는 IC였는데, 소자와 소자 사이의 전기적인 분리를 어떻게 해야 할 것인지가 문제였습니다.

노이스가 고안한 실리콘 플레이너 IC 기술은 실리콘 기판상의 소자 사이를 산화막과 같은 절연막으로 분리해 여러 개를 배치하고, 이것을 절연층을 끼운 칩상의 배선으로 연결합니다. 이 기술은 생산성과 신뢰성을 향상시켜 IC의 고집적화를 향한 길을 열어 주었으며, 오늘날 LSI 기술의 근간을 이루었습니다.

이후 TI와 페어차일드 두 회사는 IC 특허를 둘러싸고 다투게 되었으며, 판결이 나기까지 10년이 걸렸습니다. 결론부터 말하면, 킬비의 특허와 함께 노이스의 특허도 유효하다고 인정받았습니다.

노이스의 특허에서 언급된 플레이너 방식은 배선 방법뿐만 아니라 소자 분리 방법까지 제시한 실용적인 것이었습니다. 한편 킬비의 특허는 완성도 면에서는 조금 모자라지만, 세계 최초로 IC 개념을 확립했다는 면에서 가치가 있습니다.

그림 3-17 • **노이스 특허**

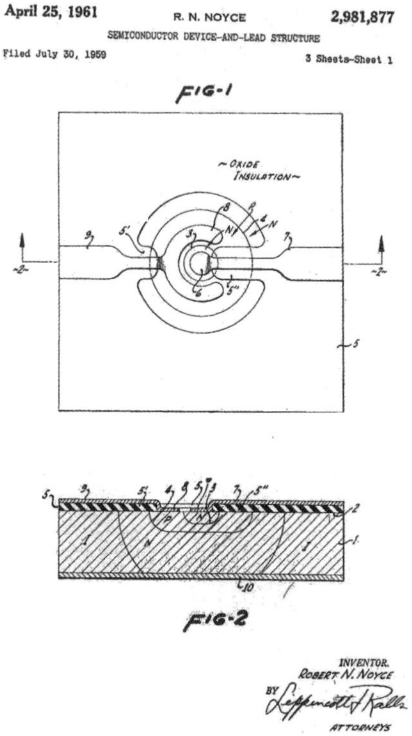

April 25, 1961 R. N. NOYCE 2,981,877
SEMICONDUCTOR DEVICE-AND-LEAD STRUCTURE
Filed July 30, 1959 3 Sheets-Sheet 1

FIG-1

~OXIDE INSULATION~

FIG-2

INVENTOR.
ROBERT N. NOYCE
BY Lippincott & Ralls
ATTORNEYS

출처 : 미국 특허상표국

마이크로프로세서 MPU

일본 전자식 탁상 계산기 업체의 아이디어에서 탄생하다

컴퓨터는 그림 3-18과 같이 구성되어 있으며, CPU(Central Processing Unit, 중앙 처리 장치)가 중심 역할을 담당하고 있습니다. CPU는 컴퓨터의 두뇌라고 할 수 있는데, 연산 장치와 제어 장치로 구성됩니다. 연산 장치는 다양한 연산 처리를 담당합니다. 다시 말해, 데이터를 바탕으로 계산을 하는 것이지요.

한편, 제어 장치는 명령을 해독해서 연산 장치로 보내거나, 컴퓨터 내부 데이터의 흐름을 제어하는 동작을 합니다. 다시 말해 메모리에 기억된 프로그램을 읽어 들여서 연산 결과를 메모리로 보내거나, 입력 장치나 기억 장치에서 데이터를 받기도 하고, 디스플레이와 같은

그림 3-18 • **컴퓨터의 구성**

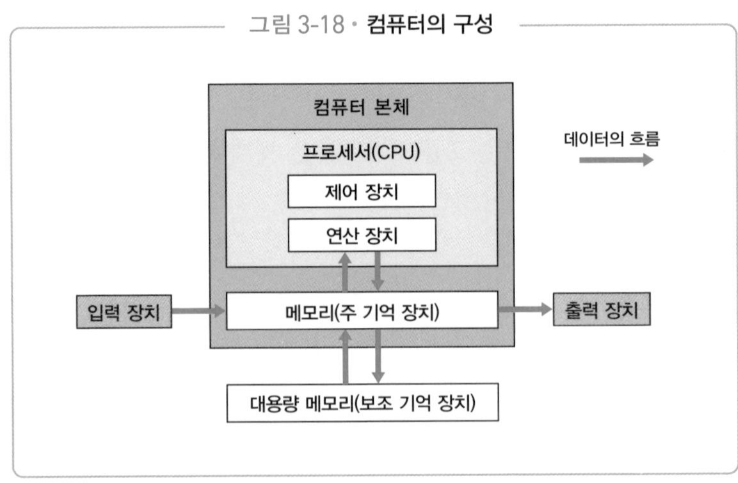

출력 장치로 보내기도 합니다.

LSI가 없었던 시대의 컴퓨터는 크기가 매우 컸습니다. 그리고 부품 중에서도 복잡한 조작을 하는 CPU에는 방대한 양의 트랜지스터를 사용하고, 각각의 부품을 동선으로 묶어 두었습니다. 장치 구조의 뒷면을 보면 배선이 거미집 같은 모양이어서 당시 기술자들의 노고를 느낄 수 있습니다. 또한 트랜지스터의 방열 대책을 세우는 것도 쉽지 않았습니다.

현재 사용되고 있는 CPU는 한 개의 작은 LSI에 집적화한 것으로 '마이크로프로세서 유닛(MPU, Micro Processor Unit)'이라고 부르며, 줄여서 '마이크로프로세서'라고 하기도 합니다. 소형 컴퓨터라고 생각해도 좋을 것입니다. CPU와 MPU는 명확하게 구분되어 있지 않기 때문에 이 책에서는 같은 것이라고 생각해도 좋습니다.

MPU는 컴퓨터에 국한되지 않고, 전 세계의 다양한 장소에서 사용되고 있습니다. 예를 들어 에어컨을 생각해 보면, 지금의 실내 온도 데이터를 읽어 들이면서 풍속이나 히터 온도를 제어하는 고도의 동작을 합니다. 이처럼 무엇인가를 제어하는 기기에는 모두 MPU가 사용됩니다.

현대 사회에서는 마이크로프로세서가 없으면 거의 모든 전자 제품을 사용할 수 없다고 해도 과언이 아닙니다. 나아가 자동차나 기계 등을 전기적으로 제어할 때도 마이크로프로세서를 사용합니다. 최근에는 자동차에 고도의 전자 제어를 하기 위해 한 대당 100여 개의 마이크로프로세서가 사용됩니다.

이 MPU는 1960년대 후반에 일본의 전자식 탁상 계산기 업체인 비지컴(Busicom)에서 미국의 인텔에 건넨 이야기가 계기가 되어 탄생했습니다.

당시에 많은 기업이 전자식 탁상 계산기 사업에 힘을 쏟기 시작했습니다. 그러나 전자식 계산기를 개발하기 위해서는 기종별로 다양한 전용 IC를 설계하고 제조해야 했습니다. 게다가 2, 3년마다 신형 모델이 등장하는 것도 문제였습니다. 그래서 비지컴 기술자들은 '메모리 내용만 다시 기록해서 다른 종류의 전자계산기를 만들 수는 없을까?' 하고 고민했습니다.

비지컴에서 생각한 기본 아이디어는 여러 종류의 전자계산기용 IC를 각각 회로 설계하는 것이 아니라, 각 계산기의 명령 세팅 같은 프로그램을 ROM에 입력해서 소프트웨어를 사용하게 하는 방법이었습니다. 그리고 이 아이디어를 구현하기 위해 미국 인텔에 협력을 요청한 것이었습니다.

당시 인텔은 메모리 전용 반도체 회사였는데, 운 좋게도 교섭 대상이 컴퓨터 아키텍처 전문가였기 때문에 전자계산기의 구조를 이해하고 MPU를 구상하게 되었습니다. 그리고 인텔은 이진법 4비트의 연산기를 만들 것을 제안했고, 이렇게 세계 최초의 MPU인 4004가 탄생했습니다. 당시의 MPU는 전자계산기용이었기 때문에 처리하는 데이터는 수치(0~9의 숫자)밖에 없었으므로 4비트면 충분했습니다. 그러나 인텔은 MPU의 범용성에 주목해, 이듬해에 8비트 MPU(8008)를 출시했습니다. 8비트로 변경하면서 전자계산기의 계산 기능 외에 문자 데이터도 처리할 수 있도록 설계했습니다. 이 8008을 업그레이드해서 8080이 출시되었고(1974년), 세계 최초의 컴퓨터인 알테어(Altair)의 MPU에 사용되었습니다. 1978년에 등장한 8086은 최초의 16비트 MPU이고, 일본에서 생산한 컴퓨터로 많이 판매된 NEC의 9801 시리즈에도 사용되었습니다.

1985년에는 최초의 32비트 MPU인 80836 DX를 발매했고 1990년대에 들어서 Pentium 시리즈를 발표했는데, Pentium 80586(1993년)은 Windows95를 사용할 수 있는 MPU였습니다. 컴퓨터를 구입하면 'intel inside'라는 문구가 뜨는 경우가 있는데, 그것은 인텔의 MPU를 사용했다는 것을 의미합니다.

이와 같이 MPU의 심장부는 여러 개의 트랜지스터로 구성되어 있습니다. 각각의 MOSFET은 스위치 역할만 담당하는 소자이지만, 이것을 복잡하게 조합하면 다양한 계산도 하고, 주변 기기를 제어할 수 있게 됩니다. 그리고 조합하는 트랜지스터 수가 많으면 많을수록 MPU의 기능이나 처리 능력이 향상됩니다.

그림 3-19는 인텔의 MPU에 탑재된 트랜지스터 수의 추이를 나타낸 그래프입니다. 최초의 MPU인 4004의 경우 트랜지스터 수가 2300개였지만, 40년 후인 2011년의 Xeon E7의 경우 26억 개의 트랜지스터가 사용되어, 100만 배나 증가했습니다. 이런 변화가 최근의 IT 발전의 기반이 된 것입니다.

칩 하나에 탑재되는 트랜지스터 수를 늘리기 위해서는 단순히 칩의 사이즈를 키우면 된다고 생각하기 쉽지만, 칩의 면적을 늘리면 비용이 증가하기 때문에 칩의 사이즈를 키우기를 원하지 않을 것입니다.

4004의 칩 면적은 12mm²(3mm×4mm)였습니다. Xeon E7에서는 트랜지스터 수가 100만 배 이상 증가했음에도 칩의 면적은 513mm²로 43배 정도밖에 증가하지 않았습니다. 칩 사이즈를 키우지 않고 트랜지스터를 대량으로 집적하는 방법은 트랜지스터 사이즈를 작게 만드는 것입니다. 그렇게 하기 위해서는 회로 패턴을 그리는 선폭을 좁게 만들어야 했습니다.

실제로 4004의 선폭이 10μm였던데 비해, Xeon E7의 선폭은 32nm로, 300분의 1로 줄었습니다. 이 선폭(프로세스 노드)의 경향도 그림 3-19

그림 3-19 · 인텔 MPU의 트랜지스터 수와 프로세스 룰의 추이

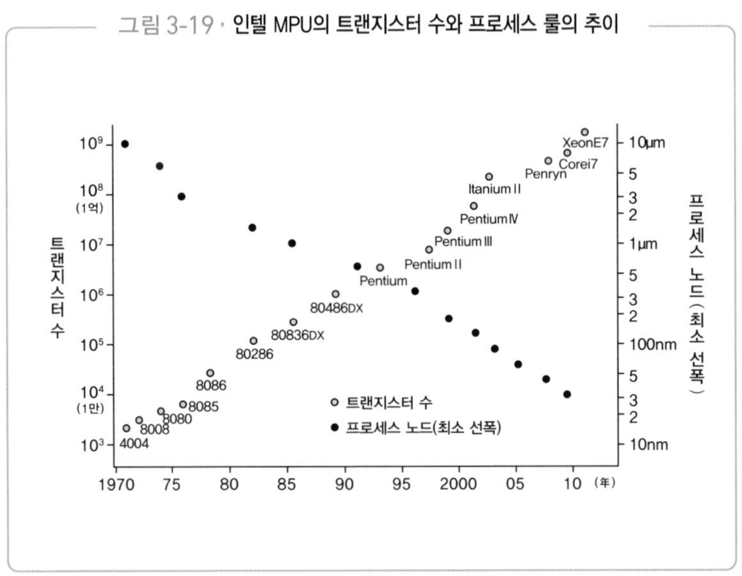

에서 함께 확인할 수 있습니다.

다시 말해, MPU의 발전은 미세화의 역사라고도 할 수 있습니다. 트랜지스터를 작게 만들면 그만큼 많은 개수의 트랜지스터를 집적할 수 있으므로, MPU의 기능을 향상시킬 수 있습니다. 게다가 소자가 작으면 전자가 이동하는 거리가 짧아져, 그만큼 고속 동작을 할 수 있게 된다는 장점도 있습니다.

실제로 4004의 동작 주파수는 1MHz에 이르지 못했지만, Xeon E7의 동작 주파수는 2GHz를 넘어서 2000배 이상 고속화되었습니다. 지금 사용되는 MPU가 음성, 화상, 사진, 비디오, 패스워드처럼 정보량이 많은 데이터를 처리할 수 있게 된 것은 이런 기술의 발전이 있었기 때문입니다.

무어의 법칙

반도체의 미세화는 어디까지 계속될까

1965년에 인텔 창업자 중 한 명인 무어는 과거 5년 동안 IC칩 하나에 탑재되는 트랜지스터 개수의 추이를 조사한 결과, 1년에 두 배로 증가한다는 것을 발견했습니다. 그리고 잡지에 그런 경향이 계속 이어질 것이라는 예측 기사를 발표했습니다.

이것은 **무어의 법칙**으로 잘 알려져 있습니다. 무어가 이 기사를 발표했을 당시에는 칩 하나에 집적되는 소자 개수가 64개 정도였는데, 10년 후인 1975년에는 6만 5000개를 집적할 수 있을 것이라고 예측했습니다.

그림 3-20은 DRAM 칩 한 개당 트랜지스터 수의 추이를 나타낸 것입니다. 무어가 이 법칙을 발견한 당시(1965년)에는 집적하는 트랜지스터 수가 1년에 두배씩 증가했습니다. 그러나 그 이후에는 거의 2년에 두 배 정도로 증가 속도가 느려졌습니다. 따라서 무어는 "2년(24개월)에 두 배로 증가한다."고 발언을 수정했습니다.

칩 사이즈를 키우지 않고도 칩에 탑재하는 소자 개수를 증가시키기 위해서는 개별 소자의 사이즈를 줄여야 했습니다. 그러기 위해서는 회로의 선폭을 좁게 만들 필요가 있었습니다.

그림 3-20은 프로세스 노드의 미세화 경향을 나타낸 것입니다. 1970년에 만들어진 최초의 1k비트 DRAM의 경우 선폭이 10㎛이었던 데 비해, 지금은 20nm에 이를 정도로 가늘어졌습니다.

그림 3-20 • 칩 한 개에 집적할 수 있는 트랜지스터 수의 추이

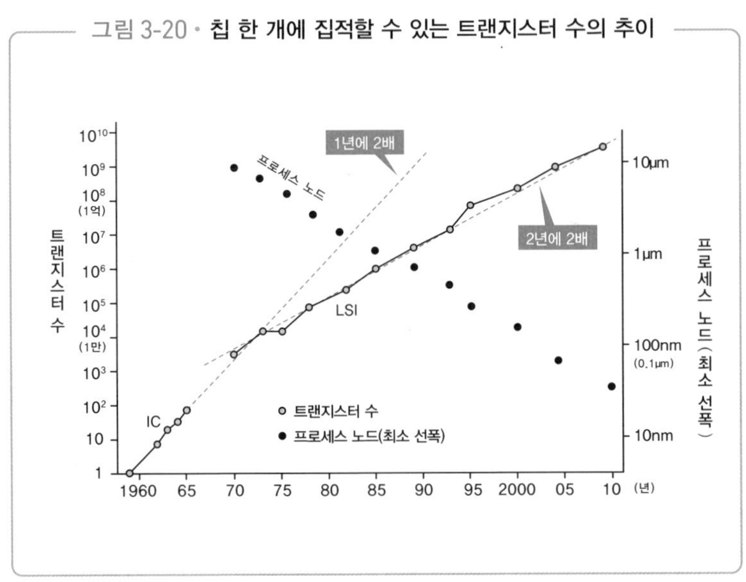

그림 3-19에서 MPU의 트랜지스터 수도 무어의 법칙에 따라 증가했음을 확인할 수 있습니다. 무어의 법칙은 이론적인 근거가 없는 경험에 바탕을 둔 법칙이지만 그 후 40년에 걸쳐 실제로 이 법칙대로 칩 한 개에 탑재할 수 있는 트랜지스터 수가 증가했고, 이 법칙은 반도체 기술과 비즈니스의 이정표가 되었습니다. 그러나 최근에는 무어의 법칙이 한계에 가까워지고 있다는 의견도 있습니다. 그 이유는 프로세스 노드(선폭)의 미세화가 한계에 다다랐기 때문입니다.

2020년 시점에서 제품화된 가장 미세한 프로세스는 5nm이며, 그 길이는 실리콘 결정의 격자 정수(약 0.5nm)의 10배밖에 안 되는 정도입니다. 반도체 소자는 결정으로 만들기 때문에, 격자 정수의 크기만큼 작게 만들 수는 없습니다.

작은 물체와 비교해 보면, 그림 3-21에서도 알 수 있듯 반도체 소자는 원래 세균 정도의 크기였지만, 지금은 바이러스나 DNA 정도까지

작아졌습니다.

포토 리소그래피 기술로 회로 패턴을 그릴 경우에도 빛의 파장이라는 한계가 존재합니다. 또한 미세화를 위해서는 소자의 편차가 커지는 문제, 게이트 산화막이 지나치게 얇아져 누설 전류가 커지는 문제, 나아가 기술적으로 가능해도 비용이 너무 막대하기 때문에 현실적으로 도입할 수 없는 경우 등 다양한 벽에 가로막혀 있습니다.

그렇기는 하지만 약 2000년부터 무어의 법칙의 한계가 우려되었음에도 그럴 때마다 기술적인 브레이크 스루(난관 돌파)가 있었고, 무어의 법칙을 실현할 수 있었습니다.

예를 들어 산화막 두께를 유지한 채 게이트 용량을 증가시키는 High-k의 절연체 기술, 반대로 배선의 용량을 줄이기 위한 Low-k 유전체 막 기술, 채널 부분에 응력을 가해 전자 이동도의 실효성을 높이는 기술, 노광기의 경우에는 마스크로 빛의 위상을 제어해서 파장 이하의 미세 패턴을 노광하는 기술, 액체 안에서 노광해 실효성 있는 빛의 파장을 단축시키는 등 매우 다양한 기술을 구사했습니다. 레지스트와 렌즈 사이의 매체를 공기에서 물로 변경해 노광 시 굴절율을 높

그림 3-21 • **다양한 물체의 크기**

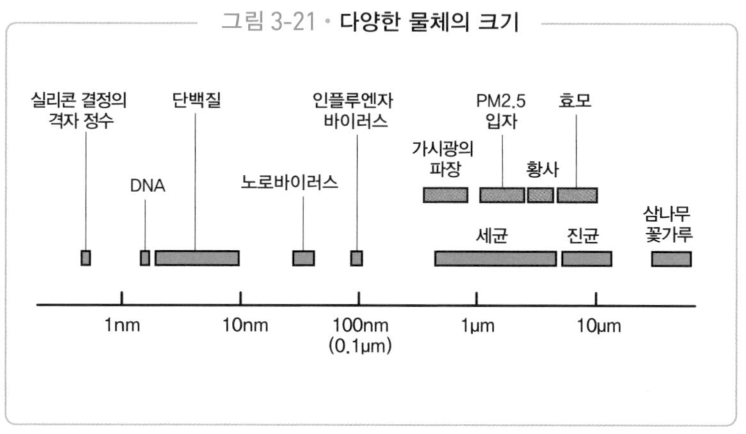

여 빛의 파장을 단축시키는 등의 기술을 구현해 더 높은 해상도로 섬세한 포토 공정을 구사하기도 했습니다.

최근에는 16nm 세대에서 도입한 FinFET 기술이 특히 혁신적이었습니다. 이것은 그림 3-22에서 볼 수 있듯 기존의 평면형 MOSFET을 3차원으로 만들어 미세화를 실현시켰습니다.

그러나 미세화되면서 실리콘 격자 정수에 점점 가까워짐에 따라 집적도를 더욱 증가시키기 위해서는 기술적인 문제가 더욱 대두될 것입니다. 그러나 이를 극복하기 위한 기술 역시 발견되기 시작했습니다. 무어의 법칙이 과연 언제까지 계속될 것인지, 기술자들과 물리적인 한계의 전쟁은 계속되고 있습니다.

그림 3-22 • 플레이너형 MOSFET과 FinFET

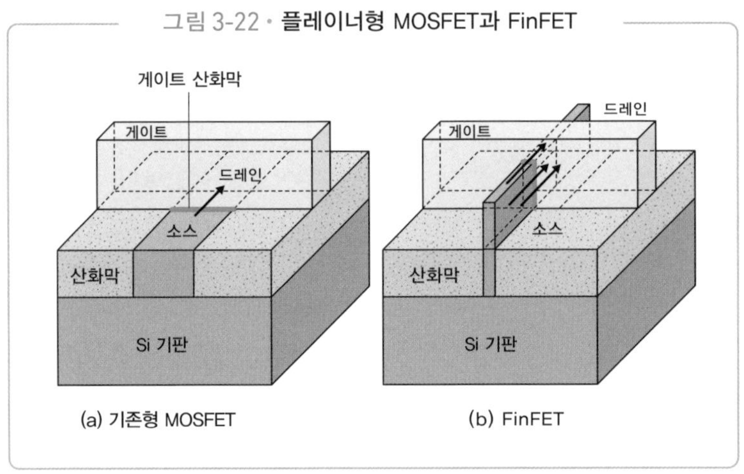

(a) 기존형 MOSFET (b) FinFET

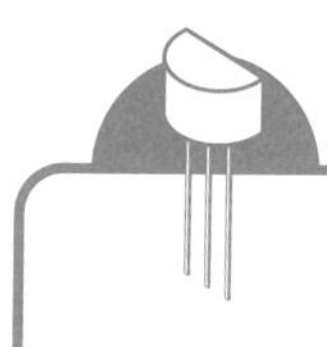

시스템 LSI 제작 방법

대규모 반도체를 설계하는 방법

이번에는 대규모 시스템인 LSI를 어떻게 설계하는지에 대해 살펴보겠습니다.

그림 3-23에는 시스템 LSI의 설계 흐름이 그려져 있습니다. 큰 흐름을 살펴보면 먼저 시스템 사양을 설계하고, 사양에 필요한 기능(부품)을 검토합니다. 그 후에 동작 레벨 설계로 논리 설계를 하지요. 마지막으로 데이터를 레이아웃 데이터, 다시 말해 웨이퍼에 전사하는 마스크 데이터를 취득하게 합니다.

시스템 LSI의 상층 설계는 '시스템'이니만큼 컴퓨터에서 시스템을

그림 3-23 • 시스템 LSI의 설계 흐름도

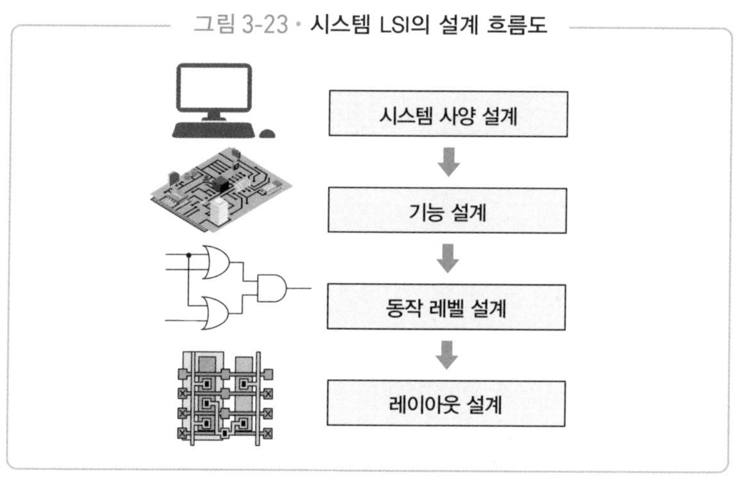

구축하는 방법과 비슷합니다. 그리고 가장 상층에 있는 시스템 사양 설계에서는 이 시스템에 무엇이 요구되는지, 어떤 능력이 필요한지 등을 검토합니다.

다음으로 기능 설계를 합니다. 기능 설계는 시스템 사양 설계에서 요구하는 스펙에 대해 필요한 구성 요소를 나열하는 것입니다. 예를 들어 DRAM은 적어도 256MB나 USB의 인터페이스, 화상 처리 기능 등 필요한 기능으로 세분화합니다.

이때, 예를 들어 DRAM을 제어하는 DRAM 컨트롤러와 같이 일반적으로 잘 사용하는 기능은 다양한 LSI를 사용하는 편이 설계하기가 쉽습니다. 그러므로 다시 사용할 수 있도록 기능 블록별로 IP(Intellectual Property)라고 불리는 설계 데이터로 정리되어 있습니다. 실제 기능 설계 시에는 기존의 IP에서 필요한 것을 선택하는 작업을 하는 경우도 많습니다.

또한 IP를 설계해 다른 회사에 판매하거나, 반대로 다른 회사에서 구입하는 경우도 있기 때문에 IP는 비즈니스적인 관점에서도 대규모 시장이 형성되어 있다고 할 수 있습니다.

그다음 단계는 동작 레벨 설계입니다. 이 단계에서는 실제로 논리 회로를 만들어 나갑니다. 그림 3-24에 반가산기라고 불리는 논리 회로의 예를 들어 설계 방법을 나타냈습니다.

1990년경까지는 디지털 회로를 설계할 때 논리 회로를 직접 사용해 설계했습니다. 그러나 1990년경부터 RTL(Register Transfer Level)이라고 하는 기술로 설계하는 것이 일반적이 되었습니다.

RTL의 예는 그림 3-24 (b)에서 확인할 수 있습니다. 그림을 보면 알 수 있듯 이것은 컴퓨터 언어의 프로그래밍에 가까운 형식입니다. RTL 코드에 논리 합성이라는 처리를 하면 논리 회로를 얻을 수

그림 3-24 · HDL 코드의 예

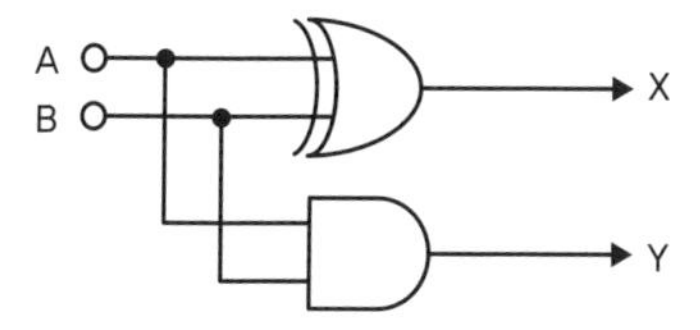

A(입력)	B(입력)	X(출력)	Y(출력)
0	0	0	0
1	0	1	0
0	1	1	0
1	1	0	1

(a) 하프 애더(반가산기) 논리

```
module half_adder_test (A , B , X , Y );
      input A , B;
      output X , Y;
      xor (X , A , B);
      and (Y , A , B);
endmodule
```

(b) RTL(Verilog HDL) 코드

있습니다.

RTL이 도입되면서 논리 회로를 직접 다루는 것보다 더 큰 규모의 회로를 손쉽게 설계할 수 있게 되었습니다. 반도체 설계라고 하면 회로도를 결선하는 장면을 떠올리는 독자가 많을 것이라고 생각하는데, 디지털 회로의 설계는 사실 프로그래밍에 가까운 작업입니다.

논리 회로를 시뮬레이션하고 나서 기대한 동작이 수행되는지 확인한 다음, 레이아웃 설계 단계로 이동합니다.

또한 대규모 시스템의 LSI는 제품 완성 후의 테스트 공정이 매우 중요합니다. 테스트 시간을 단축하는 것이 비용 절감과 직결되기 때문입니다. 그러므로 이 단계에서 효율적으로 테스트할 수 있도록 설계해야 합니다. 테스트 전용 회로를 만드는 경우도 많습니다.

마지막으로 이 논리 회로 데이터를 실제 MOSFET을 사용한 회로에

그림 3-25 · **플로어 플랜(평면도) 검토**

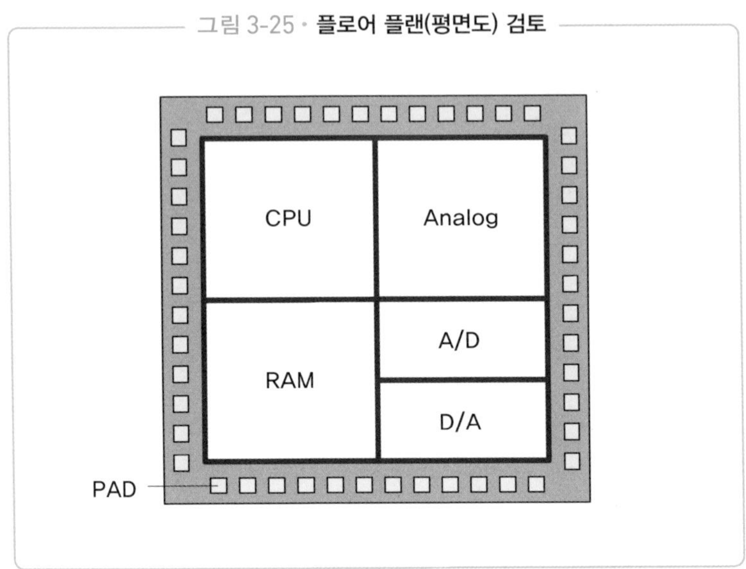

넣어 레이아웃을 만듭니다. 이것은 반도체 제조에 사용하는 마스크의 데이터를 출력하는 것이 목적입니다.

LSI 한 개에 탑재하는 MOSFET의 개수는 수천만 개에서부터 억 단위에 이르는 경우도 있습니다. 이렇게 많은 소자를 인간의 손으로 정확하게 결선하는 것은 불가능하기 때문에, 컴퓨터를 사용해야 합니다.

그러므로 그림 3-25에서 보는 것과 같은 칩 플랜을 사용해 대략적인 블록 배치를 구상한 다음, 자동 배선 도구 등을 사용해 실제 레이아웃을 출력합니다.

그렇게 해서 취득한 데이터를 시뮬레이션하여 기대하는 동작을 수행하는지 검증합니다. 시뮬레이션을 할 때는 MOSFET의 전기 특성이나 배선의 기생 저항 및 기생 용량을 정확하게 고려해야 합니다.

'SPICE(Simulation Program with Integrated Circuit Emphasis, 대규모 집적 회로의 모

의 실험용 공개 소프트웨어)'라고 불리는 디바이스 모델을 사용하기도 하고, 소자의 편차를 고려하는 등 기술적인 요소가 많이 관련되어 있습니다.

반도체에 대해 더 알아봅시다

인텔의 역사

트랜지스터를 발명한 쇼클리는 결국 벨 연구소를 떠나게 되었습니다. 그리고 1956년에 캘리포니아주 팰로 앨토에 쇼클리 반도체 회사를 설립했습니다.

쇼클리는 회사를 세우면서 벨 연구소 연구자들에게 연락을 취했지만, 그의 기질을 잘 알고 있던 동료들은 아무도 그와 함께 일하지 않았습니다. 쇼클리는 어쩔 수 없이 외부에서 우수한 인재들을 대대적으로 모집했습니다. 그중에는 나중에 인텔을 창업해 유명해진 무어(G. E. Moore)나 노이스(R. N. Noyce)와 같은 사람들도 있었습니다.

그런데 새로운 회사를 세운 지 겨우 1년 반 후인 1957년 여름에 무어와 노이스를 포함한 여덟 명의 유능한 직원들이 더 이상 쇼클리와 함께 일할 수 없다며 회사를 떠나, 페어차일드 반도체 회사를 새롭게 창업했습니다. 쇼클리는 그들을 '8인의 배신자'라고 부르면서 비난했습니다.

페어차일드나 인텔을 비롯한 많은 반도체 회사들이 모여 있는 팰로 앨토나 그보다 남쪽에 있는 산호세를 중심으로 한 일대는 '실리콘 밸리(그림 3-A)'라고 불리게 되었습니다.

쇼클리의 사업은 결국 실패했습니다. 그러나 쇼클리의 반도체 회사 설립은 미국의 서해안 지역에 우수한 인재들이 모여 반도체 개발을 계속하는 계기가 되었습니다. 이것이 이후 반도체의 발전으로 이어졌다는 것을 생각해 보면, 쇼클리의 회사 설립은 반도체 역사에 의미가

그림 3-A · **실리콘 밸리**

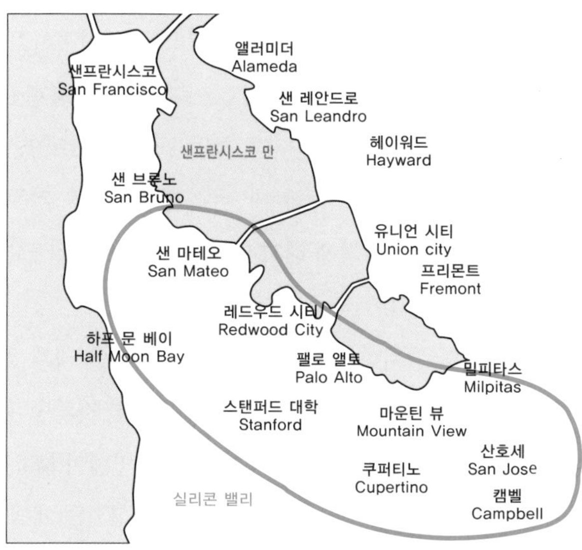

있었다고 할 수 있습니다.

페어차일드는 플레이너 기술과, 이를 바탕으로 한 IC 기술을 통해 급성장을 이뤘습니다. 그러나 이 또한 오래가지 못했고, 1960년대 후반에 하강선을 그리고 적자를 기록했습니다. 페어차일드는 경영 실패와 더불어 사내 조직에도 문제점을 안고 있었습니다.

이에 정이 떨어진 노이스는 퇴사하여 새로운 회사를 세울 계획을 세웠습니다. 무어나 글로브도 노이스에게 동조해 페어차일드를 그만두었고, 이들 세 명이 중심이 되어 1968년에 인텔을 창업했습니다. 인텔(Intel)이란 'Integrated Electronics'를 줄인 말입니다.

인텔은 오늘날에도 마이크로프로세서의 주요 제조회사로 잘 알려져 있습니다. 흥망이 격동하는 실리콘 밸리 반도체 업계에서 50년 이상 입지를 유지할 수 있었던 것은 기적이라고 해도 과언이 아닙니다. 인텔이 그럴 수 있었던 데에는 두 가지 제품이 관련되어 있었습니다.

첫 번째 제품은 DRAM입니다. 인텔 창업자 중 한 명인 무어는 페어차일드에 있을 때도 실리콘 게이트 MOS 프로세스를 연구하고 있었습니다. 그가 개발에 성공한 실리콘 게이트 프로세스를 사용한 DRAM이 인텔 최초의 주력 상품이 된 것입니다. 창업 2년 차인 1970년에 세계 최초의 DRAM(1k 비트)을 완성시켰는데, 이것이 대성공을 거두어 막대한 수익을 창출했습니다. 이렇게 해서 인텔은 향후 10년간 DRAM을 주력 상품으로 판매했습니다.

두 번째 제품은 MPU입니다. MPU는 오늘날의 인텔을 세계 최고의 반도체 업체로 부상하게 만들었습니다. 앞에서 언급한 것처럼 우연히 일본의 비지컴에서 인텔 측에 건넨 이야기에 의해 인텔이 MPU를 만들기 시작했습니다. 비지컴에서는 전자식 계산기용 LSI를 개발할 목적으로 이야기를 건넸습니다. 그러나 당시 인텔의 기술자였던 테드 호프는 이 제안을 MPU에 적용하기로 했는데, 여기에서 그의 비범함을 엿볼 수 있습니다.

인텔은 DRAM을 통해 세계 최고의 반도체 제조회사가 되었지만, 1970년대 후반이 되면서 일본 업체를 중심으로 한 경쟁 회사들의 추격이 더욱 심해졌습니다. 그리고 1984년 말에는 DRAM 사업에서 철수하지 않을 수 없었습니다.

이때 MPU라는 또 하나의 기술을 보유하고 있던 것이 인텔에는 정말 다행이었습니다. 1980년대부터는 MPU가 주력 제품이 되어 인텔을 지탱했고, 그것은 지금까지도 이어지고 있습니다. MPU 발명이 없었다면 인텔이 지금까지 반도체 제조업체로 살아남기란 어려웠을지 모릅니다.

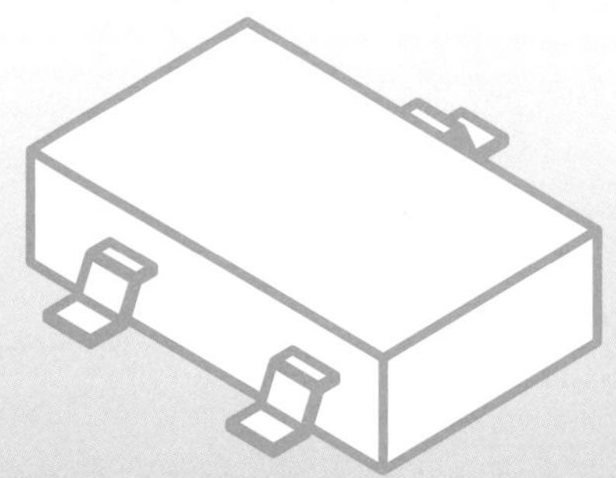

CHAPTER

4

기억하는 반도체

여러 가지 반도체

읽기 전용 ROM과 다시 쓸 수 있는 RAM

반도체는 '생각'할 수 있는 부품입니다. 생각하는 방법에 대해서는 앞에서 이미 다뤘습니다. 그러나 사람처럼 생각하기 위해서는 디지털 정보를 처리하는 것만으로는 충분하지 않습니다.

어떤 것을 사람처럼 생각하기 위해서는 정보를 반드시 '기록'해 둬야 합니다. 사람 역시 생각을 할 때는 기억 속에 있는 정보를 바탕으로 생각합니다.

이 장에서는 기억하는 반도체인 '메모리'에 대해 알아보겠습니다.

앞에서 설명한 것처럼 '생각하는' 반도체는 디지털 세계에서 활동합니다. 그러므로 기록하는 정보도 디지털화되어 있고, 반도체 메모리는 '1' 또는 '0'으로 정보를 기억하도록 만들어져 있습니다. 이 1이나 0의 정보 단위를 1bit(비트)라고 합니다.

반도체 메모리는 여러 개의 메모리 셀(기억 소자)로 구성되어 있고, 여러 개의 메모리 셀을 나열해서 사용합니다. 1bit가 여덟 개 모이면 1B(바이트)가 됩니다. 그리고 1B가 1×10^6(100만)개 모이면 1MB(메가바이트)가 됩니다. 그리고 1MB 1000개가 모이면 1GB(기가바이트)가 되지요. 다시 말해, 1GB는 메모리 셀이 8×10^9개나 모여 있습니다.

반도체 메모리 정보를 쓰고 읽는 기능적 관점에서 살펴보면 그림 4-1처럼 분류할 수 있습니다.

반도체 메모리에는 여러 종류가 있지만, 크게 분류하면 RAM(Random

Access Memory)과 ROM(Read Only Memory)으로 나눌 수 있습니다.

RAM은 여러 개의 메모리 셀에 랜덤으로 액세스할 수 있는 메모리입니다. 메모리 셀의 위치(주소)를 지정하면 해당 메모리 셀에 즉시 액세스해서 기억한 내용을 읽어 내거나 삭제할 수 있습니다. 그리고 또 다른 정보를 기록해서 기억하게 할 수 있습니다. 반도체의 RAM에는 대표적으로 DRAM(Dynamic RAM)과 SRAM(Static RAM)이 있습니다.

이 두 개의 메모리는 전원을 끄면, 다시 말해 전원 전압이 없어지게 되면 정보가 사라지기 때문에 '휘발성 메모리'라고도 부릅니다.

DRAM은 정보를 기억하는 데 커패시터(콘덴서)를 사용하며, 전하의 유무로 정보의 '1'과 '0'을 식별합니다. 기억 부분의 구조가 간단하고 (트랜지스터 1개 + 커패시터 1개), 1비트당 가격이 저렴하다는 특징이 있습니다.

그러나 커패시터에 축적된 전하는 시간이 지나면 누설에 의해 소멸

그림 4-1 • **반도체 메모리 분류**

- RAM(Random Access Memory) ▶ 읽기, 쓰기용 메모리, 휘발성
  - SRAM(Static Random Access Memory)
  - DRAM(Dynamic Random Access Memory)
- ROM(Read Only Memory) ▶ 읽기 전용 메모리, 휘발되지 않음
  - Mask ROM ▶ 고쳐쓰기 불가능
  - PROM(Programmable ROM) ▶ 고쳐쓰기 가능
    - One Time PROM ▶ 한 번만 쓸 수 있음
    - EPROM(Erasable PROM) ▶ 읽기, 쓰기용 메모리, 휘발성
      - UVEPROM(Ultra Violet EPPROM) ▶ 자외선을 이용
      - EEPROM(Electrically EPPROM) ▶ 고전압을 이용
      - **플래시 메모리** ▶ 고객이 삭제, 쓰기 가능

됩니다. 그러므로 일정 기간마다 다시 기록해야 하는데, 이 동작을 리프레시라고 합니다. DRAM은 1초에 수십 회나 리프레시를 하기 때문에 '다이내믹'이라고 불립니다.

SRAM은 기억부에 플립플롭이라고 하는 CMOS 회로를 사용한 것으로, DRAM처럼 리프레시 동작을 할 필요가 없기 때문에 고속 동작을 할 수 있습니다.

반면 1메모리 셀당 4~6개의 트랜지스터가 필요하여 회로가 커지고, 비용이 비싸집니다. 그러므로 SRAM은 특히 고속 성능이 필요한 곳에 소량만 사용합니다.

ROM은 읽기 전용 메모리로, 나열되어 있는 수많은 메모리 셀에 정보를 미리 기록해 두고 같은 정보를 몇 번이든 읽을 수 있습니다. 여기에는 주로 명령 프로그램이나 초기 설정 데이터 같은 정보를 담기 때문에 전원을 꺼도 기억 내용이 유지되어야 합니다. 그러므로 전원을 꺼도 정보를 보존할 수 있는 비휘발성 메모리입니다.

Mask ROM은 반도체의 제조 공정에서 배선을 가열해 절단하는 방법 등으로 정보를 기록하며, 두 번 다시 정보를 변경할 수 없습니다. 세탁기나 전기밥솥 등에 사용되는 마이크로프로세서는 내장되어 있는 Mask ROM에 기록된 프로그램에 따라 각각의 동작을 수행합니다.

읽기 전용이라고는 했지만, 특수한 정보의 삭제나 기록이 가능한 EPROM(Erasable Programmable ROM)도 있습니다. 자외선이나 고전압과 같은 특수한 방법을 사용하면 기억한 내용을 삭제할 수 있습니다. 그러므로 삭제나 기록이 가능한 것은 사실이지만, 특수한 설비가 필요하기 때문에 일반 소비자들이 사용하는 것은 불가능할 수 있습니다.

고전압을 사용해 정보를 기록하는 EEPROM(Electrical Erasable Programmable ROM) 기술을 발전시킨 것 중에 **플래시 메모리**가 있습니다. 이 메모리는 컴퓨터나 스마트폰 등에 사용되며 고객이 정보를 삭제하거나 재기록할 수 있습니다. 사용이 편리하기 때문에 어디서나 광범위하게 사용되고 있습니다. 그러므로 RAM과 비슷하지만, EEPROM에서 발전된 것이므로 여기에 분류했습니다.

이중에서 SRAM, DRAM, 플래시 메모리는 특히 중요하기 때문에 잘 기억해 두기 바랍니다. 이 세 가지에 대해서는 뒤에서 자세히 설명하겠습니다.

그전에 이 메모리의 용도별 분류에 대해 설명하겠습니다. 이렇게 다양한 종류의 메모리들을 왜 구별해 사용해야 하는지 의문을 갖는 독자들이 있을지 모릅니다. 그 이유는 메모리의 특성, 비용과 관련 있습니다.

정보를 가능한 한 고속으로 처리하고, 되도록 저렴하게 시스템을 구성하기 위해 연산 장치에 가까운 위치에 고속 메모리를 배치하고, 연산 장치와 먼 곳에 속도가 낮고 저렴한 메모리를 배치하는 아이디어를 적용해야 합니다. 그림 4-2에서는 CPU 가까이에는 가격이 비싸지만 속도가 빠른 SRAM을 배치하고, 그 바깥쪽으로 SRAM보다 속도가 느리지만 가격이 저렴한 DRAM을 배치합니다. 그리고 더 바깥쪽에는 속도가 느리지만 저렴한 플래시 메모리를 확인할 수 있습니다.

여러분이 책상에서 책을 읽으면서 뭔가를 찾고 있다고 생각해 보세요. 책상 위에 놓여 있는 책 몇 권은 즉시 꺼낼 수 있는 SRAM입니다. 그리고 방 한쪽의 책장에 꽂혀 있는 수십 권의 책은 꺼내는 데 시간이 조금 걸리는 DRAM입니다. 또, 도서관에 있는 수만 권의 책은 꺼내는 데 시간은 걸리지만 용량이 큰 플래시 메모리라고 생각할 수 있겠지요. 이처럼 액세스 속도와 비용을 함께 만족시키기 위해 메모리의 용도를 구분하는 것입니다.

그림 4-2 • **메모리 사용 방법**

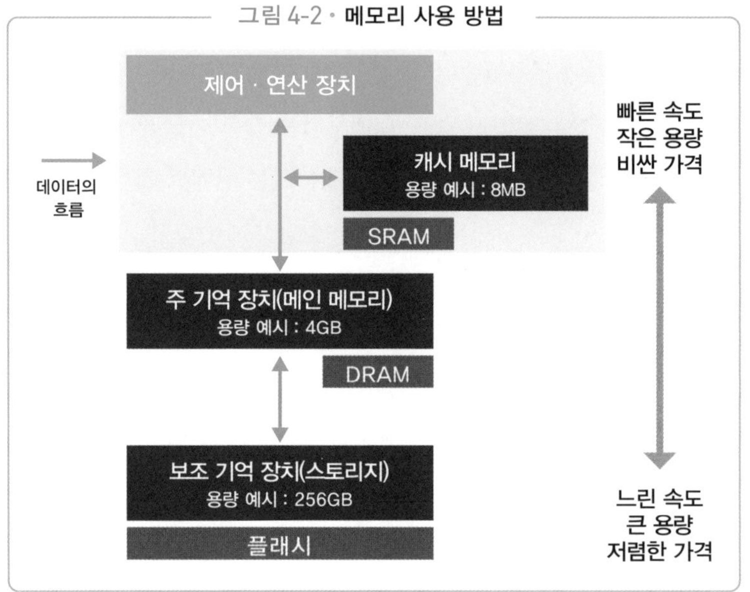

반도체 메모리의 주역 DRAM

컴퓨터 주 기억 장치에 사용

1960년대 후반부터 미국에서 반도체 메모리가 등장하기 시작했습니다. 양극성 RAM이나 SRAM 같은 다양한 메모리가 등장했습니다. 이것은 컴퓨터에 사용되던 자기 코어 메모리를 대신하기 위한 목적이었습니다.

그중에서 마지막으로 주류가 된 것이 DRAM(Dynamic Random Access Memory)입니다. 인텔에서 1970년에 발매한 '1103'이라고 불리는 세계 최초의 DRAM이 성공을 거두면서 단숨에 컴퓨터 메모리로 사용되기 시작했습니다. DRAM은 기능뿐만 아니라 반도체 기기의 고집적화를 이끄는 역할을 했습니다. 지금도 여전히 주요 반도체 메모리의 하나로 사용되고 있습니다.

DRAM의 메모리 셀은 그림 4-3과 같이 MOSFET 한 개와 커패시터(콘덴서) 한 개로 구성되어 있습니다. MOSFET은 메모리 셀을 선택하는 스위치 역할을 하며, 커패시터에 전하가 축적된 상태는 '1', 전하가 없는 상태는 '0'으로 나타냅니다.

대량의 정보를 기억해야 하는 DRAM은 메모리 셀이 그림 4-4처럼 매트릭스상에 배치되어 있습니다. 그리고 각각의 셀 트랜지스터가 워드선(단어 전류선)과 비트선으로 접속한 형태로 구성되어 있습니다.

워드선과 비트선으로 메모리 셀의 읽기와 쓰기를 할 수 있습니다.

쓰기 및 읽기 방법은 그림 4-5에서 확인할 수 있습니다. 그림 4-5

그림 4-3 • DRAM의 메모리 셀

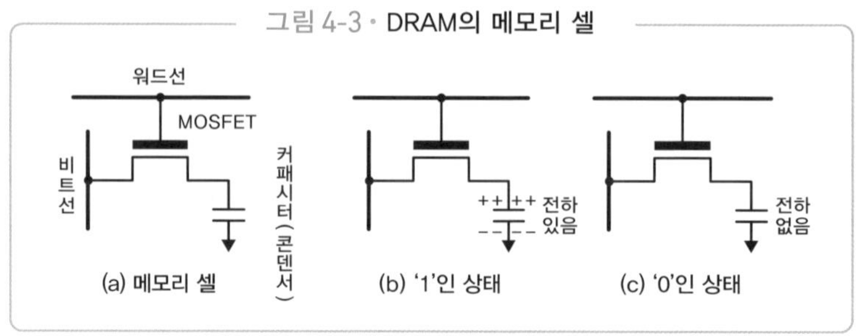

그림 4-4 • DRAM의 구성

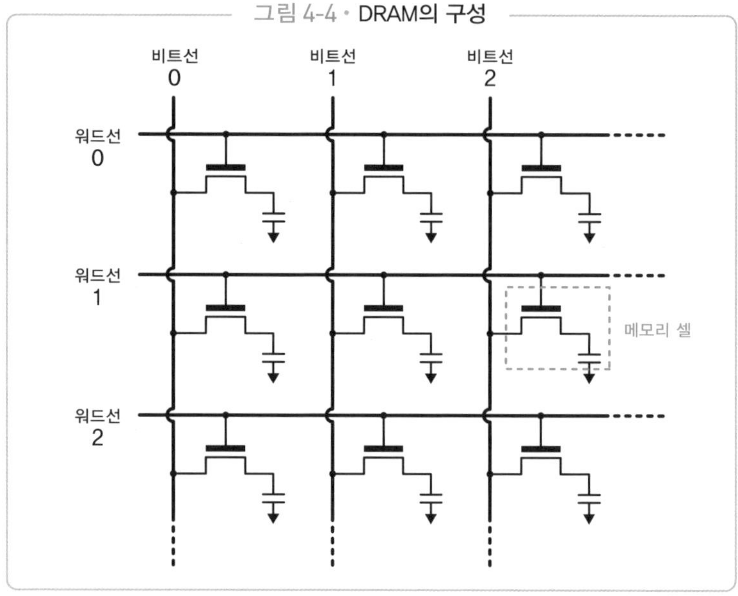

(a)에서처럼 '1'을 쓰기 위해서는 대응하는 트랜지스터에 접속된 워드선의 전압을 높여서 트랜지스터를 ON으로 만듭니다.

비트선의 전압도 높여서 트랜지스터를 통해 커패시터에 충전합니다. 한편, '0'을 쓰기 위해서는 비트선의 전압을 낮춘 상태에서 워드선의 전압만 높입니다. 그렇게 해서 MOSFET을 통해 커패시터가 방전되게 하면 커패시터의 전하는 사라집니다.

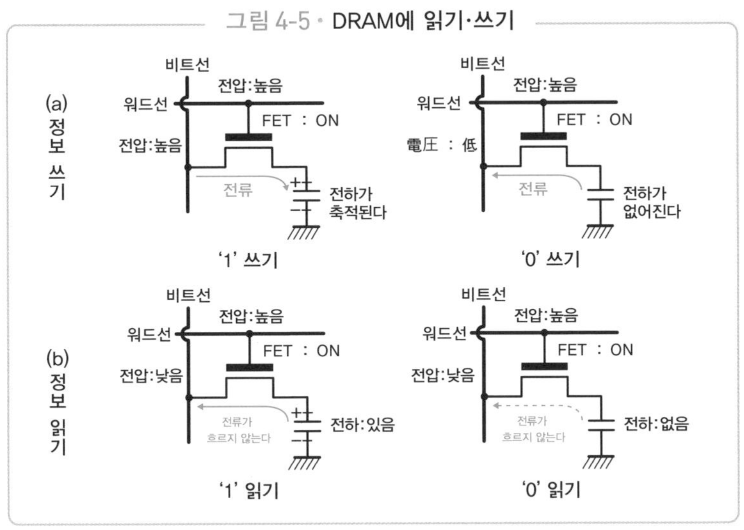

워드선의 전압을 높이면 해당 워드선에 연결되어 있는 모든 메모리 셀의 트랜지스터는 ON 상태가 됩니다. 그러므로 비트선의 개수만큼 '0'과 '1'을 한 번에 기억할 수 있습니다. 이렇게 워드선과 비트선의 전압을 바꿔서 모든 메모리 셀에 정보를 기억하게 할 수 있습니다.

메모리 셀에 축적된 정보를 읽기 위해서는 그림 4-5 (b)에서 보는 것처럼 먼저 워드선의 전압을 높여서 트랜지스터를 ON으로 만들어야 합니다. 그리고 커패시터에서 비트선에 전류가 흐르는지를 검출합니다.

'1'이 기억되어 있으면 커패시터에서 방전 전류가 흘러들어가기 때문에 비트선의 전압이 순간적으로 높아집니다. '0'이 기억되어 있으면 방전 전류가 흘러들어가지 않기 때문에 비트선의 전압은 높아지지 않습니다.

이와 같이 읽기 동작을 하면 커패시터에 축적되어 있는 전하가 유출되어 기억 내용이 소실됩니다. 그러므로 메모리 셀에서 정보를 읽어 낸 직후에 같은 정보를 메모리 셀에 기록하여 메모리 정보를 유지하는 구조로 만들어져 있습니다.

또한 읽기 작업을 실행하지 않아도 트랜지스터를 통해 미세하게 누설되는 전류가 흐르기 때문에 커패시터에 축적되어 있던 전하가 서서히 소실됩니다. 그러므로 일정 기간(약 0.1초)마다 같은 내용의 정보를 기록하는 리프레시를 해야 합니다.

DRAM은 리프레시가 필요하기 때문에 소비 전력이 크고, 복잡한 제어를 필요로 한다는 단점이 있습니다. 한편 1비트당 한 개의 트랜지스터를 사용해 구현할 수 있으므로 구조가 간단하고, 적은 면적에 많은 정보를 담을 수 있다는 장점도 있습니다. 리프레시를 해야 한다는 단점이 있는데도 DRAM이 메모리 제품으로 많이 생산되고 있는 이유는 단면적당 정보 밀도가 높기 때문입니다.

1970년에 인텔에서 만든 세계 최초의 DRAM인 1103은 1k비트(1024비트)의 LSI 메모리로, 당시 1비트의 메모리 셀에는 트랜지스터 세 개와 커패시터 한 개를 사용하는 구조였습니다.

텍사스 인스트루먼트(TI)에서는 트랜지스터 한 개와 커패시터 한 개로 다음 세대인 4k비트 DRAM을 구성했습니다. 그리고 그 이후의 16k비트 DRAM부터는 모두 트랜지스터 한 개와 커패시터 한 개로 구성되었습니다.

LSI 메모리의 비트당 비용은 칩 하나에 탑재하는 비트 수가 클수록 저렴해집니다. 그렇기 때문에 DRAM도 1973년에 4k비트, 1976년에 16k비트, 1980년에 64k비트, 1982년에 256k비트, 1984년에는 1M비트로, 그림 4-6과 같이 기술의 발전에 따라 점차 대용량화되었습니다.

칩 하나에 탑재되는 트랜지스터 수를 늘리기 위해서는 단순히 칩 면적을 늘리면 되지 않을까 하고 생각할지도 모르겠군요. 그러나 칩을 크게 만들면 웨이퍼 한 장으로 만들 수 있는 칩의 개수가 줄어들기 때문에 회수율이 낮아집니다. 그러므로 비용이 증가하게 되는 것입니다.

칩 사이즈를 키우지 않고 트랜지스터를 대량으로 집적하기 위해서는 트랜지스터 사이즈를 작게 만들어야 합니다. 그렇게 하려면 회로 패턴을 미세하게 만들 필요가 있습니다.

최초의 1k비트 DRAM의 선폭이 10μm인데 비해, 최근에는 500분의 1인 20nm을 달성할 정도로 선폭이 미세해지고 있습니다. 이 반도체 회로의 배선 폭을 '프로세스 룰'이라고 합니다. 그림 4-6에서는 프로세스 룰의 경향을 나타내고 있습니다.

그림 4-6 • DRAM의 구성

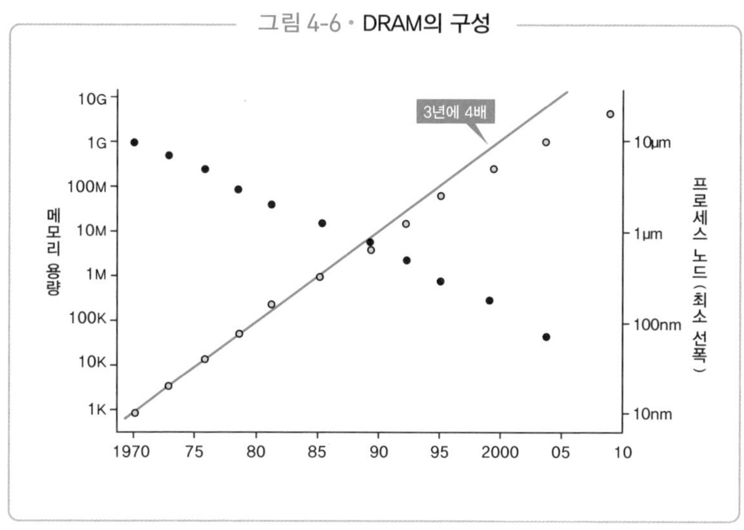

DRAM의 구조

MOSFET과 커패시터를 동일한 실리콘 기판상에 제작

앞에서 말한 것처럼 DRAM의 메모리 셀은 MOSFET과 커패시터로 구성됩니다. 그러므로 MOSFET뿐만 아니라 커패시터도 실리콘 기판상에 제작해야 합니다. 이때 읽기에 필요한 전하는 어느 정도 정해져 있습니다. 그러므로 메모리 용량을 증가시키기 위해서는 같은 용량의 커패시터를 얼마나 작은 면적으로 만들 수 있는지가 중요합니다.

그림 4-7은 메모리 셀의 단면도입니다. 그림에서 왼쪽이 초기 메모리 셀에 사용된 플레이너(평면형) 셀이며, 왼쪽 절반이 MOSFET, 오른쪽 절반이 커패시터입니다.

커패시터는 두 장의 전극 사이에 얇은 절연 막(그림에서는 산화막)을 끼운 구조이고, MOSFET과는 전극으로 접속되어 있습니다. 커패시터에 필요한 전하를 축적하기 위해서는 일정한 정전 용량, 다시 말해 커패시터의 면적을 확보해야 합니다. 그러나 DRAM이 대용량화되면서 메모리 셀의 크기를 줄여야 했고, 이는 커패시터의 면적에도 영향을 미쳤습니다.

1980년대 후반, 메가비트 시대에 들어서면서 지금까지처럼 실리콘 기판 표면에 평면형 커패시터를 형성할 여유 공간이 없어졌습니다. 그래서 그림 4-7의 오른쪽과 같은 입체 구조의 커패시터가 만들어졌습니다. 여기에는 트렌치 셀과 스택 셀이라는 두 가지 형태가 있습니다.

그림 4-7 • **커패시터의 구조**

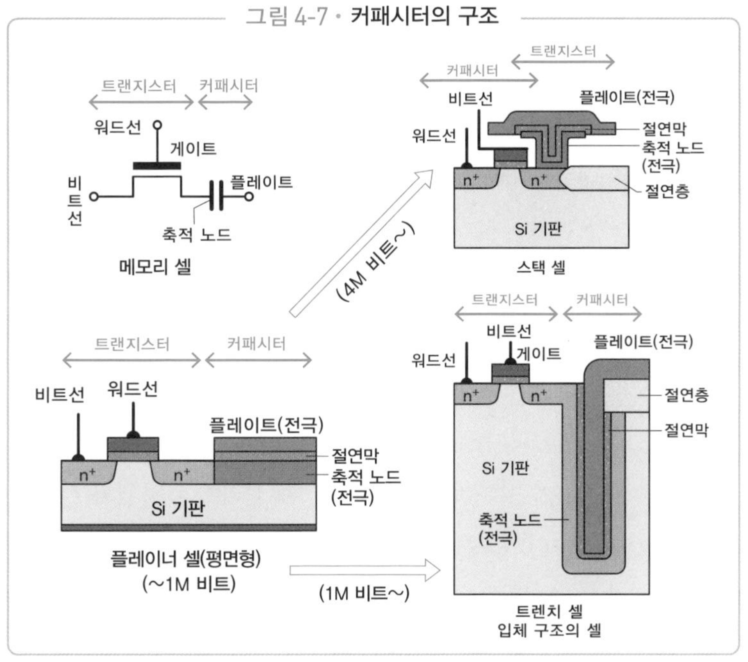

트렌치 셀은 실리콘 기판에 수직인 홈을 만들고, 측면 벽에 커패시터를 형성해 넓은 전극 면적을 확보하여 필요한 용량의 커패시터를 구현합니다. 반면에 스택 셀은 MOSFET 위에 씌울 수 있도록 커패시터를 쌓아올려 필요한 커패시터 용량을 확보합니다.

트렌치 셀과 스택 셀은 일본 히타치의 쓰나미 히데오와 고야나기 미쓰마사가 발명했습니다. 이 둘은 모두 도호쿠 대학의 니시자와 준이치 교수의 문하생이었습니다. 플래시 메모리를 발명한 일본 도시바의 마스오카 후지오, 니시자와 준이치 교수가 이끌던 연구실 출신입니다. 이처럼 니시자와 교수는 여러 명의 우수한 반도체 기술자를 배출해 반도체 기술의 발전에 크게 기여했습니다.

쓰나미와 고야나기가 발명한 메모리 셀 구조는 커패시터 부분을

3D화하여 많은 전하량을 축적할 수 있었습니다. 이 구조는 1M~4M 비트 DRAM에서 본격적으로 사용되기 시작해 1980년대 이후의 DRAM에 빼놓을 수 없는 기술이 되었습니다.

이와 같은 대용량 DRAM의 개발 및 제조 분야에서 일본 기업은 전 세계를 이끌었습니다. 쓰나미나 고야나기가 있었던 히타치뿐만 아니라 도시바나 니혼전기와 같은 기업이 세계 제일을 다투었습니다.

대용량 DRAM에 사용하는 커패시터의 용량을 확보하기 위해서는 면적뿐만 아니라 전극에 끼우는 절연체에 유전율이 높은 재료를 사용하는 것도 중요했습니다.

그와 동시에 누설 전류가 작고, LSI화할 때 실리콘 결정체와 잘 융합할 필요도 있었습니다. 누설 전류가 크면 커패시터가 전하를 유지할 수 있는 시간이 짧아져 리프레시 주기가 짧아지므로 대기 시 소비 전력이 증가하게 됩니다. 초기에는 절연막에 실리콘 산화막(SiO_2막, 비유전율 4)이 사용되었지만, 1980년대가 되면서 유전율이 더 큰 질화막(Si_3N_4막, 비유전율 8)을 주로 사용했습니다.

또한 64비트 DRAM 이후부터는 전극 면에 요철을 만들어 실효 면적을 2배 이상 늘리는 HSG(Hemi-Spherical Grain)라는 방법도 사용되었습니다. 그리고 2000년 이후 기가 비트 시대가 되면서 비유전율이 수십 이상인 오산화탈륨(Ta_2O_5)이나 알루미나(Al_2O_3), 하프늄옥사이드(HfO_2) 등을 사용한 커패시터를 사용하게 되었습니다. 나아가서는 누설 전류를 억제하기 위해 알루미나(Al_2O_3)를 사용했습니다. 다시 말해, 고유전율인 지르코니아로 알루미나 층을 끼운 3층 구조인 지르코니아/알루미나/지르코니아가 사용되었습니다.

고속으로 작동하는 SRAM

플립플롭을 사용한 메모리

다음으로는 SRAM(Static Random Access Memory)을 살펴보겠습니다. SRAM은 '플립플롭'이라고 불리는 데이터를 유지하는 로직 회로를 이용합니다. 다시 말해, 다른 메모리처럼 특별한 공정(예를 들어 DRAM이라면 커패시터)이 필요하지 않으며, CMOS 프로세스에 그대로 도입할 수 있습니다.

SRAM의 구성은 그림 4-8 (a)를 보면 알 수 있습니다. SRAM의 기억 부분은 그림 4-8 (b)에서 보는 것처럼 인버터(NOT 소자)를 두 개 조합한 형태입니다. 인버터는 입력과 출력을 반전하는 회로로, 입력이 0이면 출력은 1, 입력이 1이면 출력은 0이 됩니다.

인버터 회로를 사용하여 데이터를 유지하는 방법은 그림 4-9를 보면 알 수 있습니다.

그림 4-8 • SRAM의 구성

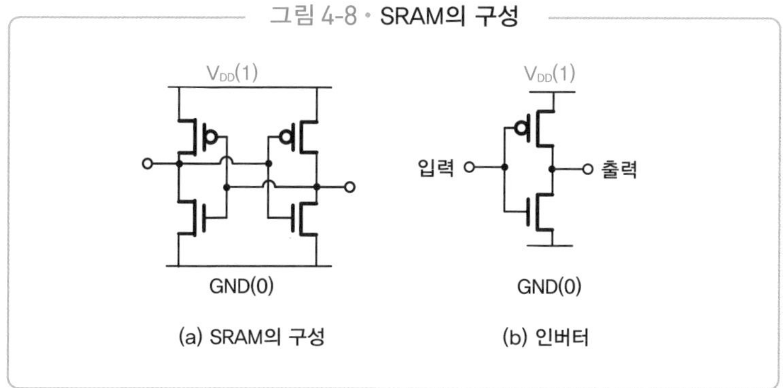

그림 4-9 • SRAM의 데이터 유지

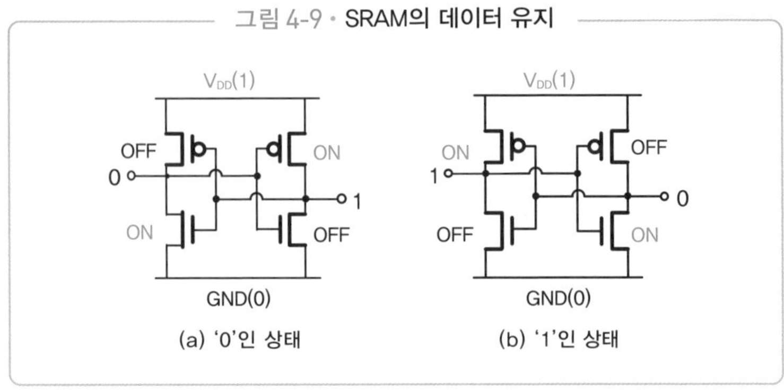

(a) '0'인 상태 (b) '1'인 상태

먼저 0인 상태를 생각해 봅시다. 이때 왼쪽 인버터의 출력은 0, 오른쪽 인버터의 출력은 1이 됩니다. 왼쪽 인버터의 출력은 오른쪽 인버터의 입력에 연결되어 있고, 오른쪽 인버터의 출력은 왼쪽 인버터의 입력에 연결되어 있습니다. 그러므로 이 상태를 계속 안정적으로 유지할 수 있습니다. 한편 1인 상태에서는 모든 값이 반대가 되어 왼쪽 인버터의 출력이 1, 오른쪽 인버터의 출력이 0이라는 상태를 안정적으로 유지합니다.

또한 오른쪽과 왼쪽 인버터의 출력이 같은 값인 상태, 다시 말해 0과 0, 1과 1이라는 상태는 안정적으로 존재할 수 없습니다. 그러므로 존재할 수 있는 값은 그림에 있는 두 가지뿐이며, 이것을 메모리로 사용합니다. 0과 1의 상태는 안정적으로 유지할 수 있기 때문에 DRAM과 같은 리프레시 동작이 필요하지 않습니다.

다음으로는 데이터의 읽기와 쓰기에 대해서 그림 4-10을 통해 설명해 보겠습니다.

DRAM은 WL(워드선)과 BL(비트선)을 하나씩 가지고 있는데, SRAM은 출력이 두 개이기 때문에 비트선은 BL과 BLB, 두 개를 가지고 있습니다. 그림 4-9에서 보는 것처럼 데이터가 유지될 때는 BL과 BLB가 서로 반대가 됩니다. 다시 말해, BL이 0이면 BLB는 1이 되고, BL이 1이면 BLB는 0이 되는 것이지요.

데이터를 읽을 때는 WL을 1로 만듭니다. 그러면 읽기용 nMOS가 ON이 되며, BL이나 BLB에서 데이터를 읽어 들입니다. DRAM은 읽어 들일 때 커패시터의 전하를 방전시키기 때문에, 이 데이터를 보존하려면 다시 한 번 쓰기 작업을 해야 합니다. 그러나 SRAM의 경우에는 이런 동작이 필요하지 않습니다.

한편 데이터를 쓰기 위해서는 BL과 BLB에 쓰기 데이터를 입력하고, WL에 1을 입력합니다. 그리고 쓰기용 nMOS를 ON으로 만들면 데이터가 기록됩니다. 예를 들어, 0을 기록하고 싶다면 BL에 0을 입력하고, BLB에 1을 입력한 다음 WL을 1로 만들면 0을 기록할 수 있습니다.

그림 4-10은 데이터 유지용 MOSFET이 네 개, 읽기 쓰기용 MOSFET이 두 개로 총 여섯 개의 MOSFET으로 구성되어 있으며, 이것은 SRAM의 표준적인 구조입니다.

셀 하나에는 여섯 개의 MOSFET이 필요하기 때문에 DRAM보다는 필요한 면적이 더 넓습니다. 그러나 지금까지 살펴본 내용으로 알 수

그림 4-10 • SRAM 데이터 읽기 · 쓰기

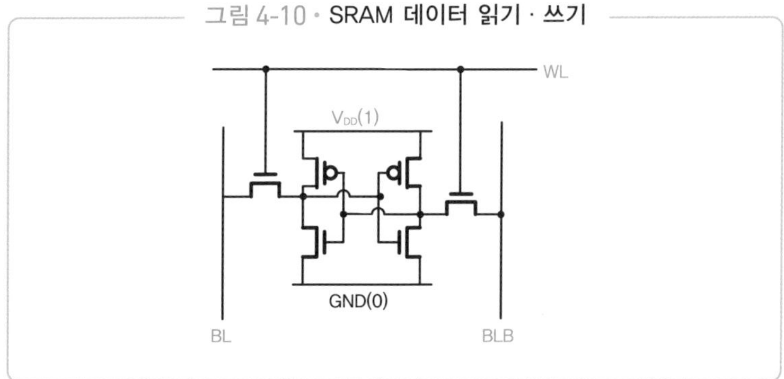

있는 것처럼 리프레시를 할 필요가 없기 때문에 고속으로 읽고 쓰기를 할 수 있습니다. 또한 CMOS 프로세스 회로에 특별한 공정을 추가하지 않고도 제작할 수 있다는 장점도 있습니다.

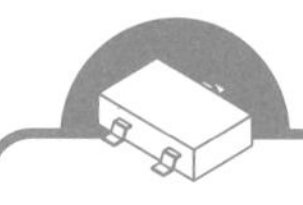

플래시 메모리의 원리

USB 메모리 및 메모리 카드에 사용

플래시 메모리는 컴퓨터에서 사용하는 USB 메모리나 디지털카메라 또는 스마트폰의 메모리 카드에 사용됩니다. 전원을 꺼도 저장된 내용이 사라지지 않는 비휘발성 메모리이면서 DRAM의 랜덤 액세스와 마찬가지로 기억한 내용을 읽고, 삭제하고, 기록할 수 있습니다. 그러나 속도가 느리기 때문에 DRAM의 대체재로 사용할 수는 없습니다. 플래시 메모리는 1984년에 일본 도시바의 마스오카 후지오가 발명했습니다.

DRAM에서 기억정보는 메모리 셀의 커패시터에 축적된 전하로 나타낼 수 있습니다. 한편, 플래시 메모리의 경우에는 MOSFET 내에 설치된 **플로팅 게이트**에 전하를 축적합니다.

플래시 메모리의 구조는 그림 4-11과 같습니다. MOSFET의 게이트 전극과 실리콘 기판 사이에 아무것에도 연결되지 않은 플로팅 게이트

그림 4-11 • **플래시 메모리 셀 구조(단면도)**

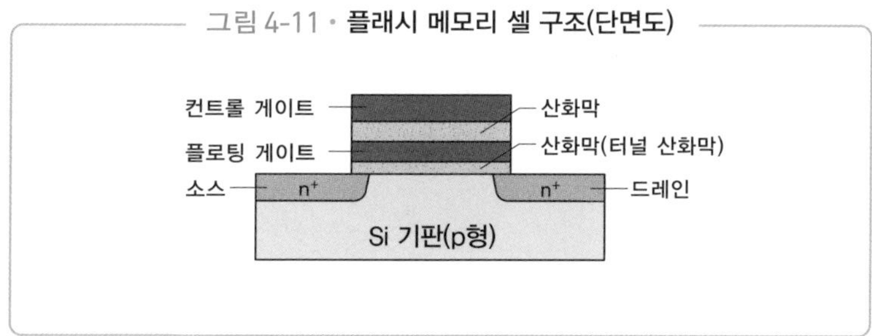

가 존재합니다.

이 플로팅 게이트는 플래시 메모리의 특징입니다. 여기에 전하(전자)를 저장하면, 주변이 산화막 절연체이기 때문에 전하가 어디로도 달아날 수 없습니다. 그렇기 때문에 전원을 꺼도 메모리 내용이 사라지지 않는 비휘발성 메모리가 됩니다.

플래시 메모리는 플로팅 게이트에 전하가 축적된 상태를 '0', 전하가 없는 상태를 '1'로 간주합니다. 이 플로팅 게이트에 전자를 축적하거나 방출하여 정보를 기록하고 보존합니다.

'0'을 기록하는 경우는 그림 4-12 (a)와 같이 소스와 드레인 및 기판을 0V로 만들고 **컨트롤 게이트**에 플러스 전압을 걸어 줍니다. 그러면 실리콘 기판에 있는 전자가 산화막을 빠져나와 플로팅 게이트에 축적됩니다. 전자가 절연체의 산화막을 통과할 수 있다는 것이 정말

그림 4-12 • 정보 기록과 삭제

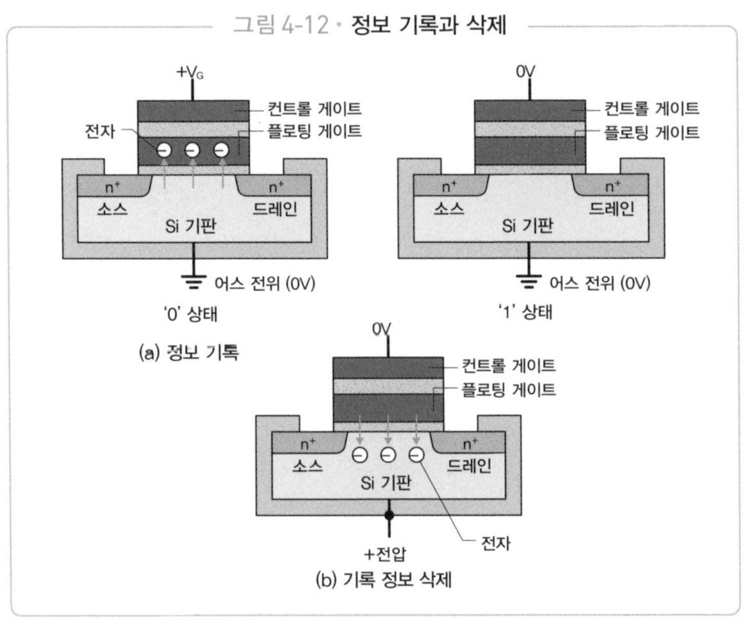

신기하게 느껴질 수 있는데, 산화막의 두께를 수nm 정도로 얇게 만들면 터널 효과에 의해 전자가 산화막을 통과할 수 있게 됩니다.

그렇기 때문에 실리콘 기판과 플로팅 게이트 사이의 산화막을 '터널 산화막'이라고 부릅니다. 정보 '1'을 기록할 때는 플로팅 게이트에 전자가 존재하지 않는 상태이므로 아무것도 하지 않습니다.

정보를 삭제할 때, 다시 말해 플로팅 게이트에 전자가 없는 상태로 만들기 위해서는 그림 4-12 (b)에서 볼 수 있듯 컨트롤 게이트를 0V로 만들고 소스, 드레인, 기판에 플러스 전압을 걸어 줍니다. 그러면 터널 효과에 의해 플로팅 게이트 내부의 전자는 산화막을 뚫고 전압이 높은 기판 쪽으로 이동합니다. 그 결과, 플로팅 게이트 내부의 전하가 사라지게 됩니다.

한편 정보를 읽을 때는 컨트롤 게이트에 일정량의 플러스 전압을 걸어서 소스에서 드레인으로 흐르는 전류를 읽어 들입니다. (그림 4-13)

플로팅 게이트에 전자가 축적되어 있으면('0' 상태) 전자의 마이너스 전기에 의해 컨트롤 게이트에 걸린 플러스 전압이 상쇄되어 전류가 흐르기 어려워집니다.

전자가 축적되어 있지 않으면('1' 상태) 게이트 전압은 그대로 기판에

그림 4-13 • 기록 정보 읽어 들이기

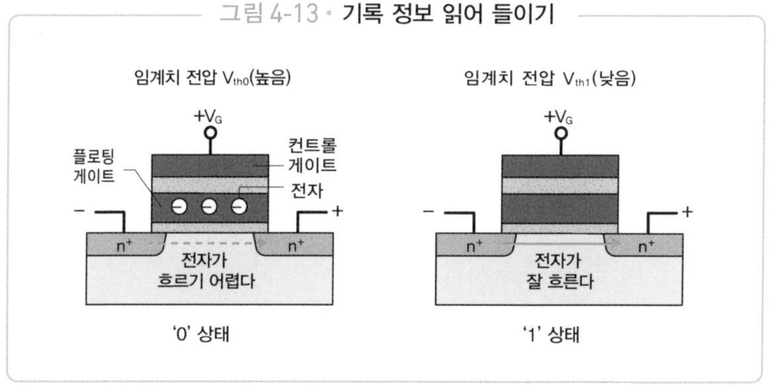

인가되어 MOSFET 동작과 마찬가지로 전류가 흐르게 됩니다. 이 차이로 인해 '0'인지 '1'인지를 판정할 수 있습니다.

플로팅 게이트에 전하가 축적되어 있는 상태(그림 4-13의 '0' 상태)라 해도 컨트롤 게이트에 인가되는 전압을 높이면 소스와 드레인 사이에 전류가 흐릅니다. 다시 말해, 플로팅 전하의 양에 따라 트랜지스터의 전류가 흐르기 시작하는 임계치 전압을 컨트롤하여 정보를 기억한다고 생각할 수 있습니다.

지금까지 설명한 내용에서는 그림 4-14 (a)와 같이 메모리 셀 하나에 기록할 수 있는 정보는 '0' 또는 '1'인 1비트였습니다.

그러나 임계치 전압을 컨트롤하면 그림 4-14 (b)에서 보는 것처럼 플로팅 게이트에 저장되는 전하 양을 꽉 찬 상태부터 텅 빈 상태까지 네 단계로 나눌 수 있습니다. 각각의 단계를 정보의 '01','00', '10', '11'에 대응하면 셀 한 개에 2비트의 정보를 기록할 수 있습니다.

정보를 읽어 들일 때는 각각의 상태에 맞게 임계치 전압이 변동하기 때문에 $V_{th}01 > V_{th}00 > V_{th}10 > V_{th}11$의 임계치를 갖고 상태를 판정할 수 있습니다.

이처럼 네 가지 상태를 제어하는 방법을 'MLC(Multi Level Cell)'라고 합니다. 한편, 두 가지 상태만 제어하는 방법을 'SLC(Single Level Cell)'라고 합니다.

MLC로 만들면 셀 한 개에 2비트의 정보를 기록할 수 있습니다. 그리고 V_{th}의 분할을 증가시켜서 3비트, 4비트를 기록할 수 있기 때문에 그만큼 용량을 늘릴 수 있습니다. 다만 MLC는 플로팅 게이트의 기록 전압을 제어하는 것 같은 기술적인 어려움이 있기 때문에 MOSFET 특성 편차에 민감해서 레벨 수를 늘리기가 쉽지 않습니다.

플래시 메모리는 정보를 기록 및 삭제할 때 10V 정도의 비교적 높

그림 4-14 • 플래시 메모리의 SLC와 MLC

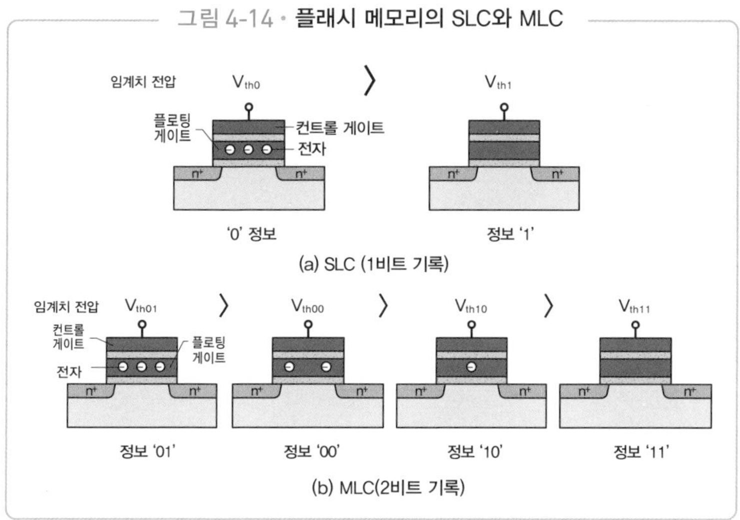

은 전압을 사용해서 전자가 터널 산화막을 뚫을 수 있게 합니다. 그러므로 쓰기를 반복하면 산화막이 열화되어 결과적으로는 전자를 유지할 수 없게 됩니다. 다시 말해, 다른 메모리와 비교했을 때 수명이 짧다고 할 수 있습니다. 또한 쓰기 속도가 느리다는 단점도 있습니다.

한편 플래시 메모리는 DRAM과 달리 커패시터를 사용하지 않기 때문에, 칩 하나에 여러 개의 메모리 셀을 탑재할 수 있어서 대용량화할 수 있습니다.

플래시 메모리의 구성

NAND형과 NOR형

플래시 메모리도 DRAM과 마찬가지로 여러 개의 메모리 셀을 가로세로로 배열하는 매트릭스 구조로 구성됩니다. 이 구성 방법에는 NOR형과 NAND형 두 종류가 있습니다. (그림 4-15)

그림 4-16에서 NOR형 플래시 메모리의 구성도를 볼 수 있습니다.

그림 4-15 • NAND형과 NOR형

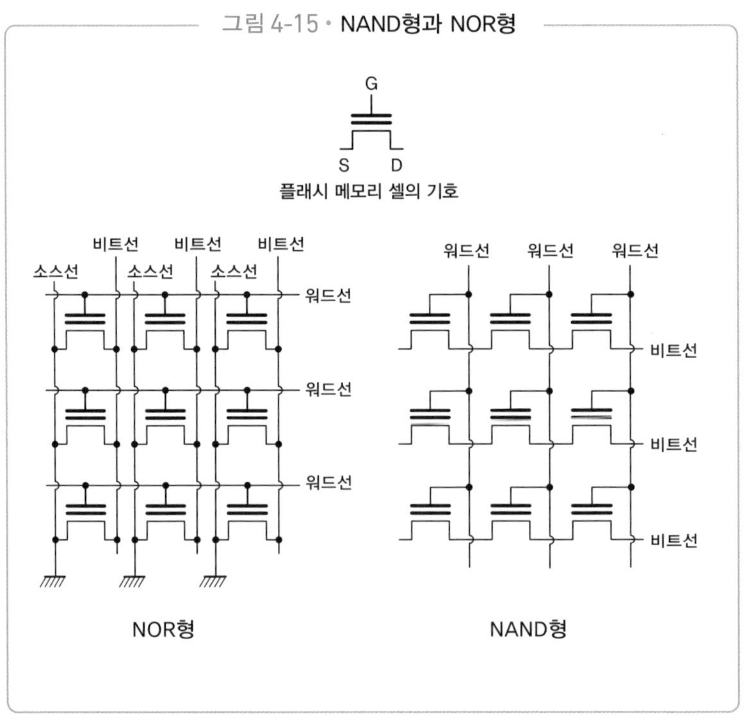

워드선과 비트선뿐만 아니라 소스 전류를 흘려보내는 '소스선'이 존재합니다.

NOR형 플래시 메모리 동작은 DRAM과 비슷해서 이해하기가 쉽습니다. 예를 들어, 그림 속에서 원하는 셀 값을 읽어 들일 때는 대응하는 워드선에 읽기 전압을 인가하고, 비트선의 전류에서 정보를 읽어 들입니다. 한편, 삭제 및 기록 시에는 비트선에 쓰기 전압을 인가한 다음 워드선에도 전압을 인가해 기록할 수 있습니다.

실제 동작은 복잡하기 때문에 DRAM처럼 전압이 0과 1이라는 두 값으로 이루어진 것은 아니지만, 셀 하나씩 읽어 들이고 기록한다는 개념은 동일합니다. 바꾸어 말하면 랜덤 액세스를 할 수 있다는 의미입니다.

한편 그림 4-17은 NAND형 플래시 메모리의 구성을 나타낸 것입

그림 4-16 • **NOR형 읽고 쓰기**

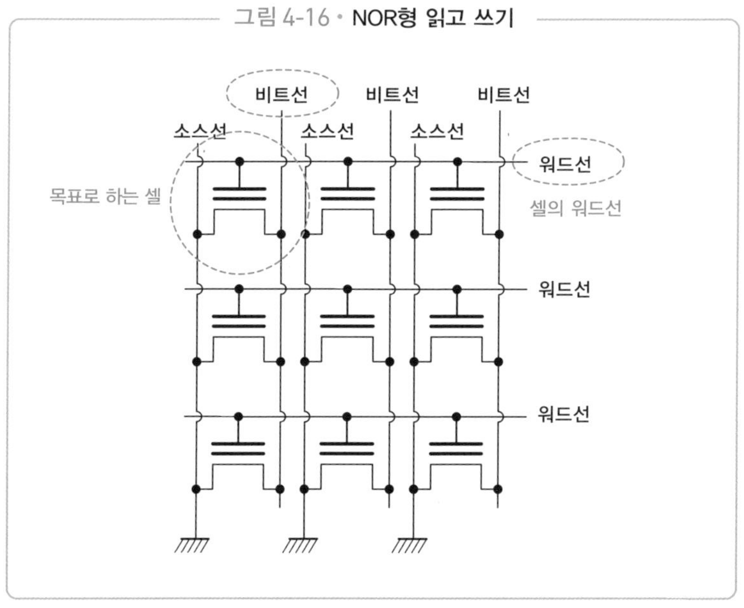

그림 4-17 • NAND형 읽고 쓰기

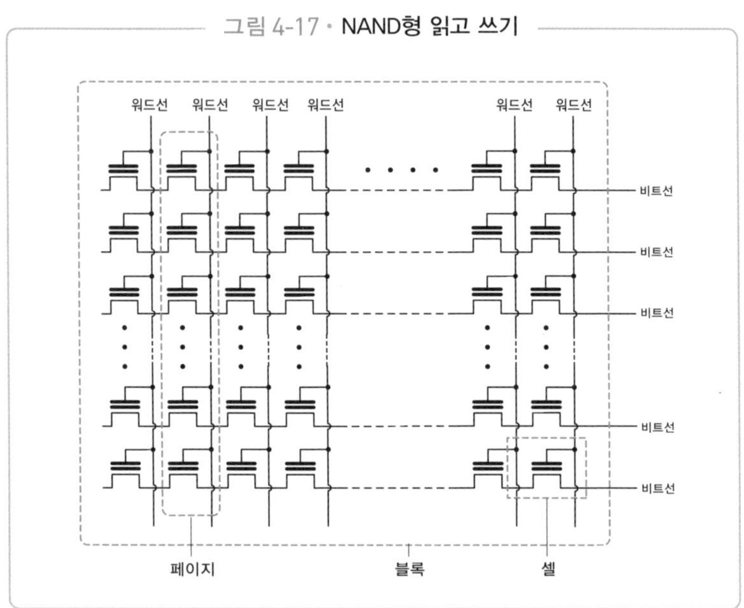

니다.

NAND형은 '페이지'라고 하는 동일한 워드선에 연결된 복수의 메모리 셀 열과, 다수의 페이지를 워드선으로 모아 정리한 '블록'으로 구성되어 있습니다.

그림 4-18에 비트선 한 개로 연결된 메모리 셀의 예를 나타냈습니다. 동일한 비트선에 연결된 MOSFET 소스와 드레인이 직렬로 연결되어 있다는 특성을 확인할 수 있습니다. 이렇게 한 열에 연결된 MOSFET을 반도체 기판상에 제작하면 다음의 그림과 같은 단면도가 됩니다.

인접한 트랜지스터의 소스와 드레인은 기판 내에 만들어진 n^+형 영역에서 공유되며, 표면에 전극을 설치할 필요가 없습니다. 집적 밀도를 높일 수 있게 된 것입니다.

그림 4-18 · NAND형 플래시 메모리의 단면도

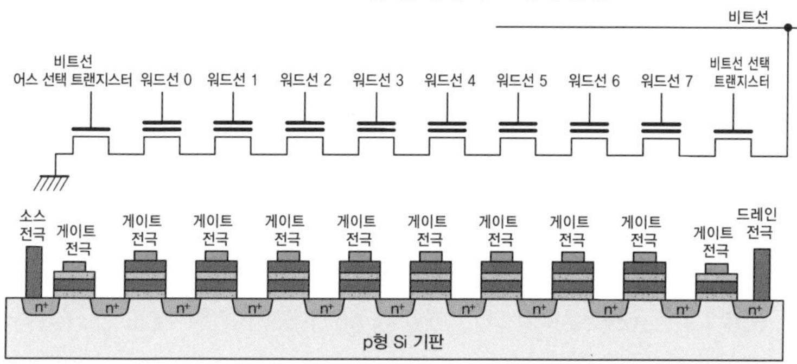

다만 이 구조의 경우에는 비트선 하나에 흐르는 전류는 NOR형 하나보다 작아집니다. 이것이 읽기 스피드를 느리게 만드는 원인이 됩니다. 또한 메모리 셀 각각의 크기가 작아져서 플로팅 게이트의 전하가 적어지는 것 때문에 데이터 보존 신뢰도가 낮아집니다.

다음으로는 NAND형 삭제와 쓰기 순서를 살펴보겠습니다.

NAND형 삭제는 복수의 페이지로 구성되는 블록 단위로 수행되며, 쓰기는 페이지 단위로 수행됩니다. 그렇기 때문에 특정 페이지를 고쳐 쓰기 위해서는 먼저 해당 페이지를 포함한 블록 전체를 일시적으로 외부에 저장한 다음, 블록 전체를 삭제하고 저장한 곳에서 데이터를 다시 고쳐 쓴 후 빈 블록에 기록합니다.

다시 말해, 단지 1비트를 고쳐 쓰는 경우라 해도 블록 전체를 삭제해야 하는 것입니다. 이처럼 일괄적으로 광범위하게 삭제하기 때문에 '플래시'라는 이름이 붙게 되었습니다. 그러나 쓰기를 할 때는 페이지를 일괄적으로 수행하기 때문에 쓰기 속도는 NOR형보다 빠릅니다.

NOR형과 NAND형을 비교해 보면 NOR형은 읽기 속도가 빠르고 데이터 신뢰성이 높다는 장점이 있습니다. 그렇기 때문에 가전제품의 마이크로프로세서에서 간단한 프로그램을 메모리에 탑재해 실행하는 경우, 읽기 속도가 빠른 편을 선호하기 때문에 NOR형을 사용합니다. 용량이 그다지 크지 않을 뿐만 아니라, 쓰기 작업을 하는 경우가 거의 없으므로 쓰기 속도가 빠른 것보다는 신뢰성이 높고 읽기 속도가 빠른 편이 좋기 때문입니다.

그러나 플래시 메모리는 많은 경우 USB 메모리나 SSD처럼 데이터를 저장하는 용도로 사용되기 때문에 쓰기를 해야 할 때도 많습니다. 그러므로 이런 경우에는 고집적화의 장점이 매우 크게 작용합니다. 그래서 NAND형이 플래시 메모리의 주류가 되었습니다.

유니버설 메모리를 위한 개발

DRAM이나 플래시 메모리를 대체하기 위한 차세대 메모리

지금까지는 DRAM, SRAM, 플래시 메모리에 대해 살펴보았습니다.

플래시 메모리는 비휘발성, 다시 말해 전원을 꺼도 정보를 보존할 수 있다는 놀라운 특징을 가지고 있습니다. 만약 휘발성 메모리인 DRAM을 플래시 메모리로 대체한다면 전원을 꺼도 메모리 내용을 보존할 수 있어서 사용이 간편하고, 같은 메모리를 계속 사용할 수 있다는 장점이 있습니다.

그렇기는 하지만 플래시 메모리는 동작 속도가 느려서 DRAM처럼 메인 메모리로는 사용할 수 없습니다. 그러므로 DRAM과 같이 고속 동작을 하는 비휘발성 메모리에 대한 개발이 계속 진행되고 있습니다.

대표적인 차세대 메모리로 언급되는 것 중에는 **자기 저항 메모리**(Magnetoresistive, MRAM), **상변화 메모리**(Phase Change, PRAM), **저항 변화 메모리**(Resistive, ReRAM), **강유전체 메모리**(Ferroelectric, FeRAM) 등이 있습니다.

방금 언급한 메모리의 원리를 간단하게 설명해 보겠습니다. 자기 저항 메모리는 자기의 방향(스핀)에 의한 저항 변화로 정보를 기록합니다. 상변화 메모리는 기억 층의 결정 상태의 변화에 의한 저항 변화를 활용합니다. 저항 변화 메모리는 기억 층에 전압 펄스를 걸어서 상태를 변화시키고, 이 저항 변화에 정보를 기록합니다. 강유전체 메모리는 강유전체의 분극에 의한 용량 변화에 정보를 기록합니다.

이 메모리들은 모두 비휘발성 메모리이기 때문에, 플래시 메모리처럼 전원을 꺼도 정보를 보존할 수 있습니다.

각 메모리의 특징을 표 4-1에 정리해 두었습니다. 이 표는 메모리의 특징을 간략하게 정리한 것이므로 용도나 개발 상황에 따라 평가가 달라질 수 있다는 점에 유의하기 바랍니다.

차세대 메모리는 DRAM이나 플래시 메모리의 자리를 대체할 목적으로 개발되었지만, 고집적이 가능하다는 장점을 뛰어넘기가 쉽지 않은 듯합니다. 그리고 아래의 표에는 언급되어 있지 않지만 새로운 재료나 제조 공정을 도입하기 위해서는 제법 많은 비용이 발생하기 때문에, 아직은 이를 능가할 만한 장점이 두드러지지 않은 것이 현실입니다.

차세대 메모리의 예로 자기 저항 메모리의 구조에 대해 살펴보겠습니다.

'MTJ(Magnetic Tunnel Junction) 소자'라고 불리는 MRAM의 기억 소자를 그림 4-19에서 볼 수 있습니다.

표 4-1 • **차세대 메모리 성능 비교**

		휘발성	집적도	쓰기 횟수	동작 속도
	DRAM	휘발	◎	○	○
	SRAM	휘발	△	○	◎
	플래시	비휘발성	◎	×	×
차세대 메모리	MRAM (자기저항 메모리)	비휘발성	△	○	○
차세대 메모리	PRAM (상변화 메모리)	비휘발성	△	○	○
차세대 메모리	ReRAM (저항변화 메모리)	비휘발성	○	○	△
차세대 메모리	FeRAM (강유전체 메모리)	비휘발성	△	○	○

그림에서 볼 수 있듯 기억 소자는 3층 구조로 이루어져 있는데, 각각 기록층, 터널층, 고정층이라고 합니다. 이중에서 고정층은 강자성체이고 특정 방향의 자화를 가지고 있습니다. 자유층은 외부에서 자화 방향을 바꿀 수 있다는 특징이 있습니다. 터널층은 기록층과 고정층을 구분하기 위해 존재합니다.

기록층과 고정층의 자화 방향이 같으면 전류가 많이 흐르고, 고정층의 자화 방향이 반대이면 전류가 적어진다는 특징이 있습니다. 그러므로 기록층의 자화를 조정해서 메모리로 이용할 수 있습니다.

기록층의 자화를 조정하는 방법으로는 워드선이나 비트선에 전류를 흘려보내서 외부 자기장을 이용하거나, 스핀 편극을 일으킨 전자 전류를 흘려보내는 방법이 있습니다.

이 MTJ 소자와 MOSFET을 그림 4-20처럼 연결하면 메모리로 사용

그림 4-19 • MTR 소자에 정보를 기록하는 방법

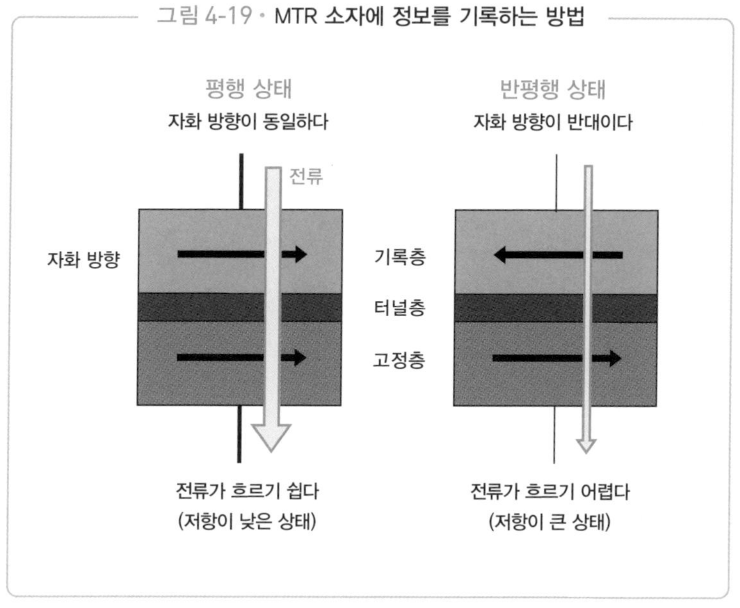

할 수 있습니다. MTJ 소자는 비휘발성이고 고속 동작을 할 수 있는 것은 물론, 전력 소비가 적다는 장점도 있어서 제품으로 실용화되기를 기대하고 있습니다.

현재는 어느 차세대 메모리든 기술적인 과제 또는 비용 문제를 완전히 해결하지 못한 것이 사실입니다. 게다가 DRAM이나 플래시 메모리가 고집적화, 저전력화, 고속화를 위해 발전을 거듭하고 있어서 기존 메모리를 대체할 수준에 이르기란 쉽지 않습니다. 그러나 기술적인 브레이크 스루가 발생한다면 단숨에 기존 메모리를 대체할 가능성도 있기 때문에 계속해서 지켜봐야 합니다.

그림 4-20 • **MRAM의 구성**

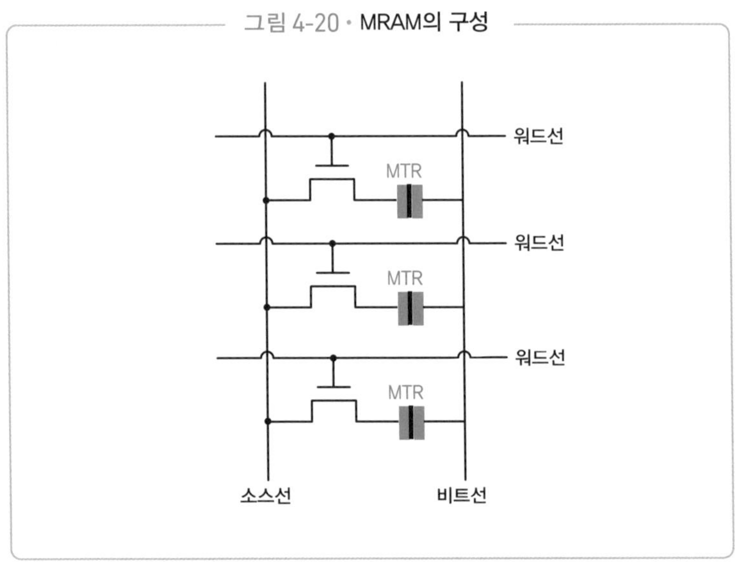

클린 룸과 먼지에 취약한 LSI

LSI는 실리콘 웨이퍼상에 형성되는 트랜지스터 등의 소자 수가 어마어마하게 많으며, 따라서 각 소자의 패턴이 미세해야 합니다. 패턴의 최소 치수(선폭)가 1㎛ 이하가 되면, 대기 중에 존재하는 눈에 보이지 않을 정도의 먼지가 큰 문제가 됩니다.

반도체를 제조할 때는 '입자' 또는 '파티클'이라는 대기 중의 먼지나 불순물을 줄이는 것이 매우 중요합니다. 지금의 반도체는 나노 단위로 제작되므로 먼지나 불순물이 묻게 되면 불량품 발생률이 크게 증가하기 때문입니다. 예를 들어 LSI 배선을 살펴보면, 최첨단 LSI의 경우 치수가 20nm를 돌파할 정도로 미세합니다. 그러므로 웨이퍼 표면에 눈에 보이지 않는 미세한 먼지가 붙으면 배선 패턴이 단선되거나 형상 불량이 일어나는 것입니다. 실제로 화장품 가루로 인해 IC 배선이 단선되는 사고가 발생하기도 했습니다.

이처럼 미세한 먼지가 한 개라도 붙으면 해당 LSI 칩은 불량품이 되어 버립니다. 불량품을 가능한 한 많이 줄이는 것은 회사의 이익과 직결되는 문제이기 때문에 신경을 가장 많이 쓰는 부분이기도 합니다.

그러므로 공기 중에 있는 먼지를 최대한 제거하고, 온도나 습도, 기류, 미세 진동까지 높은 정밀도로 제어한 클린 룸이 필요합니다.

클린 룸에 들어가기 전에는 머리부터 발끝까지 감싸는 방진복으로 갈아입어야 합니다. 그리고 에어 샤워를 해서 방진복의 먼지와 같은 이물질을 제거해야 합니다.

클린 룸의 청정도를 나타내기 위해서는 청정도 등급이라는 지표를 사용합니다. 공업용 클린 룸의 청정도는 ISO 규격으로 정해져 있습니다. 이 규격에 따르면 청정도 등급은 $1m^3$의 공기 중에 포함된 0.1㎛ 이상의 입자(먼지) 수로 나타냅니다. 표 4-A는 그 일부분으로, LSI를 제조할 때는 가장 높은 등급인 ISO1, 다시 말해 입자의 지름이 0.1㎛인 먼지가 $1m^3$ 중에 10개 이하인 클린 룸을 사용합니다. 실제로 반도체를 제조할 때는 청정도가 더 높은 클린 룸을 사용하는 경우도 있다고 합니다.

'$1m^3$ 중에 지름 0.1㎛의 먼지가 10개'라는 문구만 보면 0.1㎛는 눈에 보이지 않기 때문에 어느 정도의 청정도인지 쉽게 연상되지 않을 것입니다. 적절한 예가 될지 모르겠지만, 일본의 도쿄 돔(부피 124만 m^3) 8만 개에 해당하는 공간 안에 은단이 한 알 있는 정도의 청정도라고 표현하면 어느 정도 상상이 될까요.

LSI는 이와 같은 클린 룸 안에서 제조됩니다. 게다가 공기 중의 먼지뿐만 아니라 사용하는 약품이나 세척하는 물에도 트웰브 나인(99.999999999%)이라는 고순도를 유지해야 합니다.

표 4-A · 클린 룸의 청정도

	공기 중의 최대 먼지 수($1m^3$당)					
등급 입자 지름	≥0.1μm	≥0.2μm	≥0.3μm	≥0.5μm	≥1μm	≥5μm
ISO1	10	2.37	1.02	0.35	0.083	0.0029
ISO2	100	23.7	10.2	3.5	0.83	0.029
ISO3	1000	237	102	35	8.3	0.29
ISO4	10000	2370	1020	352	83	2.9
ISO5	100000	23700	10200	3520	832	29

이하 생략

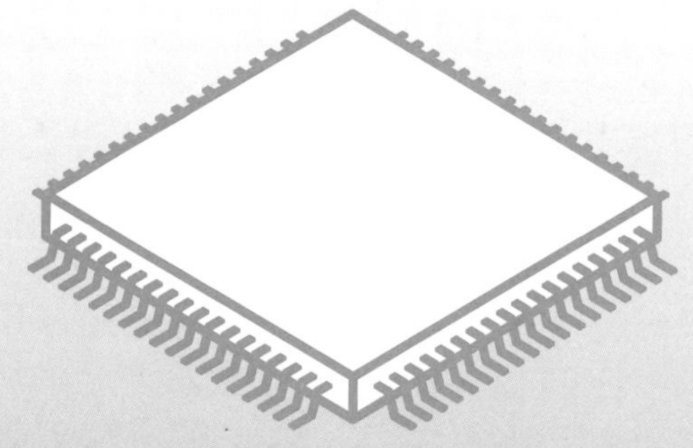

CHAPTER

5

빛 · 무선 · 파워 반도체

태양광을 전기 에너지로 변환하는 태양 전지

태양 전지는 전지가 아니다

태양광을 이용한 발전은 재생 가능 에너지로 기대를 모으고 있습니다.

여기에 사용되는 핵심 장비가 **태양 전지**입니다. 태양 전지는 반도체를 사용해서 태양광 에너지를 직접 전기 에너지로 변환하는 장치입니다. '전지'라는 이름이 붙어 있기는 하지만 건전지처럼 전기를 저장해 두는 기능이 있는 것은 아닙니다. 그런 관점에서라면 '태양 전지'라는 이름은 적절하지 않고, 오히려 '태양광 발전 소자'라고 부르는 것이 정확할 것입니다.

이 태양 전지는 반도체의 광전효과(빛을 전기로 변환하는 현상)를 이용한 것입니다. 다만 반도체에 빛을 쬐기만 하면 전기 에너지를 추출할 수 있는 것은 아닙니다. 빛 에너지를 전기 에너지로 변환하기 위해서는 pn 접합 다이오드를 사용합니다.

그림 5-1 (a)는 pn 접합 다이오드로, p형 반도체에서는 여러 개의 정공이 캐리어 역할을 하고 n형 반도체에서는 여러 개의 전자가 캐리어 역할을 합니다. 이 p형과 n형 반도체를 접합하면 그림 5-1 (b)에서 보는 것처럼 접합면에서 정공은 n형으로, 전자는 p형으로 확산되어 이동합니다. 확산된 결과, 접합면 부근에서는 이동해 온 전자와 정공이 결합해서 캐리어가 감소합니다.

이 현상을 **재결합**이라고 합니다. 그 결과, 그림 5-1 (c)와 같이 캐

그림 5-1 • pn 접합 다이오드의 캐리어

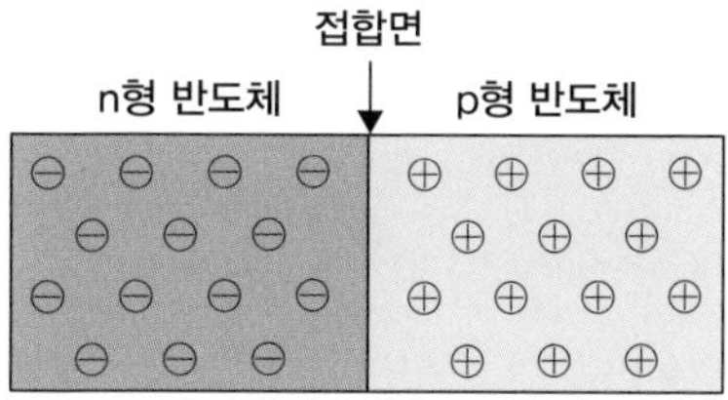

(a) pn 접합 다이오드

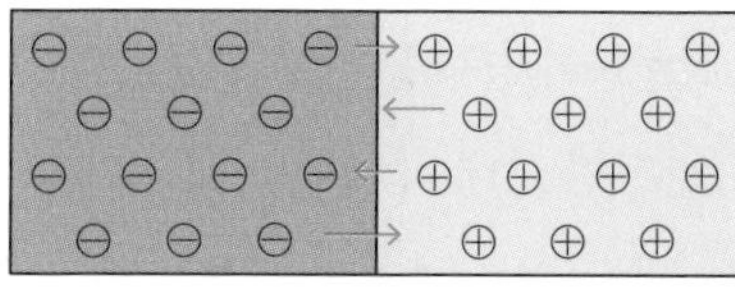

(b) 전자와 정공이 반대편에 있는 반도체로 이동(확산)한다

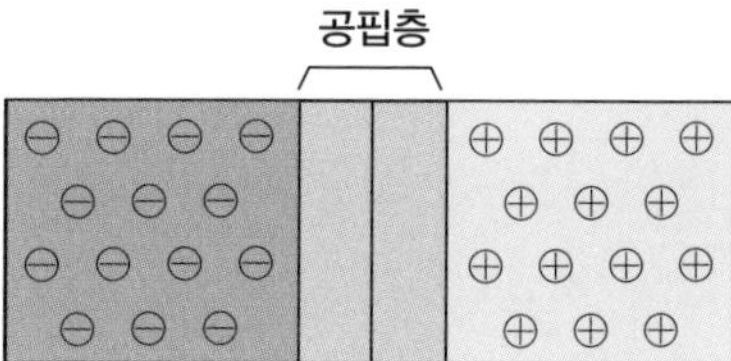

(c) 접합면 부근에 공핍층이 발생한다

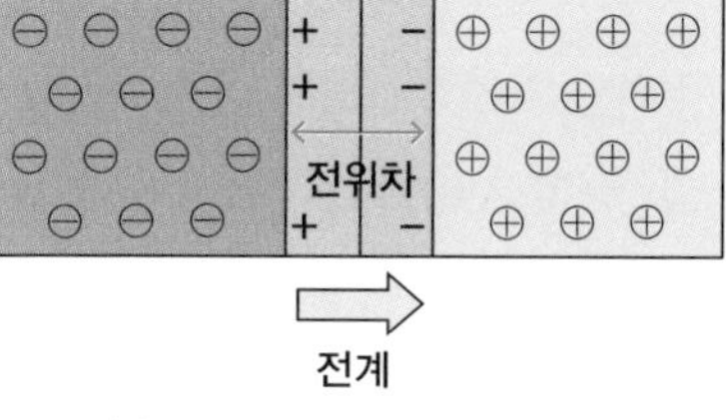

(d) 공핍층에 전계가 발생한다

리어가 존재하지 않는 영역이 만들어집니다. 캐리어가 존재하지 않는 이 영역을 **공핍층**(Depletion Layer)이라고 합니다.

접합면 부근의 공핍층에서는 n형 반도체의 경우 마이너스 전자가 부족해져서 플러스로 대전됩니다. 한편 p형 반도체의 경우에는 플러스 정공이 부족해져서 마이너스로 대전됩니다. (그림 5-1 (d))

따라서 n형과 p형 반도체 사이의 공핍층에는 '확산 전위'라고 불리는 전위차가 발생하며 접합 부분에 전계가 생성됩니다. 이 전계는 n형 반도체에서 전자가 나오려고 하는 것을 막는 작용을 하며, n형에서 p형으로 전자가 흐르는 힘과 균형을 이루면 안정화됩니다.

바로 이 상태를 '열평형 상태'라고 하는데 이대로 놔두면 아무 일도 발생하지 않습니다. 다시 말해 접합면에 확산 전위의 차이로 인한 벽이 생겨서, 전자와 정공 모두 이 벽을 넘지 못하는 것입니다.

이 상태에서 그림 5-2와 같이 공핍층에 태양광이 들어가면 빛의 에너지에 의해 전자와 정공이 새롭게 발생합니다. 그리고 내장 전계의 힘에 의해 전자는 n형 반도체로, 정공은 p형 반도체로 이동합니다. (그림 5-2 (a)) 그 결과, 외부 회로로 전자를 밀어내어 전류가 흐르게 하는 힘이 발생합니다. 이것이 **기전력**입니다.

기전력은 빛과 접촉해 있는 동안은 유지되고, 전자가 계속해서 밀려 나오기 때문에 외부의 전기 회로에 전력이 공급됩니다. 밀려나온 전자는 외부의 전기 회로를 경유해 p형 반도체로 돌아가고, 정공과 결합합니다. (그림 5-2 (b)) 그리고 이것이 전류로 관측됩니다.

현재 태양 전지의 대부분은 반도체에 실리콘을 사용합니다. 이렇게 실리콘 결정을 사용한 태양 전지의 구조는 그림 5-3에서 확인할 수 있습니다.

이해를 돕기 위해 지금까지 그림으로 설명한 예에는 가늘고 긴 pn

그림 5-2 · 빛을 통해 발전하는 원리

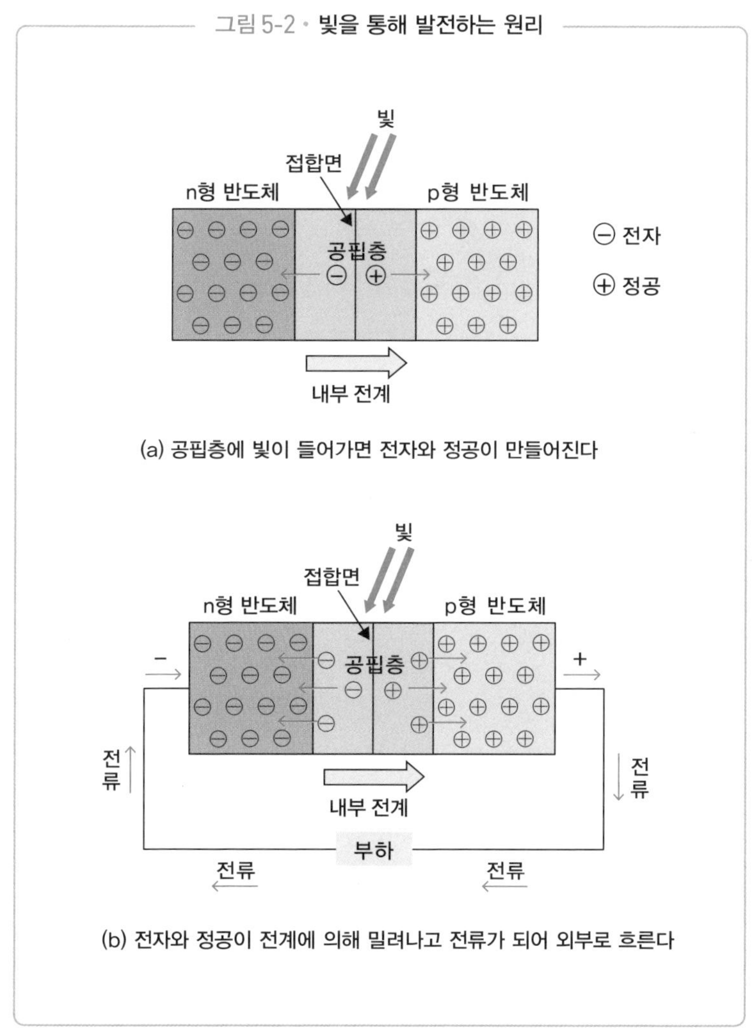

접합도를 사용했습니다. 그러나 태양 전지는 pn 접합 다이오드의 면적에 비례한 전류를 발생시키는 소자입니다. 그러므로 pn 접합 면적을 넓히기 위해서는 그림 5-3과 같은 얇고 평평한 판 모양으로 제작해야 합니다.

그림 5-3 • **태양 전지의 구조**

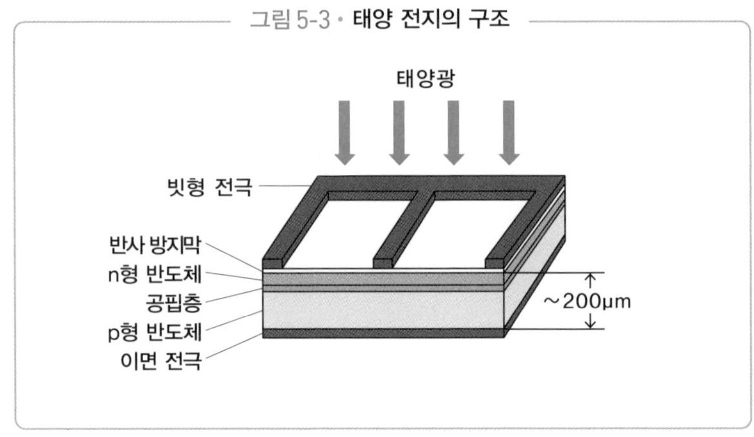

이전 설명에서 태양광에 의해 전도 전자가 발생한다고 했는데, 이 원리를 조금 더 자세히 설명해 보겠습니다.

그림 5-4는 실리콘 원자와 전자의 상태를 나타낸 것입니다. (그림 1-11) 실리콘 원자의 최외각 궤도는 인접해 있는 실리콘 원자와 공유 결합하기 때문에 전자가 꽉 차 있어서 공석이 없습니다. (그림의 (a))

여기에 불순물로 인과 비소 같은 15족(Ⅴ족) 원소를 첨가해 n형 반도체로 만들면 전자 한 개가 남게 됩니다. 이 전자는 최외각 궤도의 바깥쪽 궤도에 들어갑니다. (그림 (b)) 이 전자는 결합에 관여하지 않기 때문에 자유전자로 움직일 수 있습니다.

전자의 궤도는 원자핵에서 멀어질수록 에너지가 높아지므로, 바깥쪽 궤도를 돌고 있는 전자는 높은 에너지를 가지고 있습니다. 이 바깥쪽 궤도와 최외각 궤도의 에너지 차이가 띠간격이 되는 것입니다.

한편, 불순물로 갈륨이나 인듐과 같은 13족(Ⅲ족) 원소를 첨가해서 p형 반도체를 만들면 전자가 한 개 부족해져서 정공이 발생합니다.

이 정공은 최외각 궤도에 생성되기 때문에, 자유전자보다 작은 에

그림 5-4 • 5-4 pn 접합 다이오드의 전자 상태

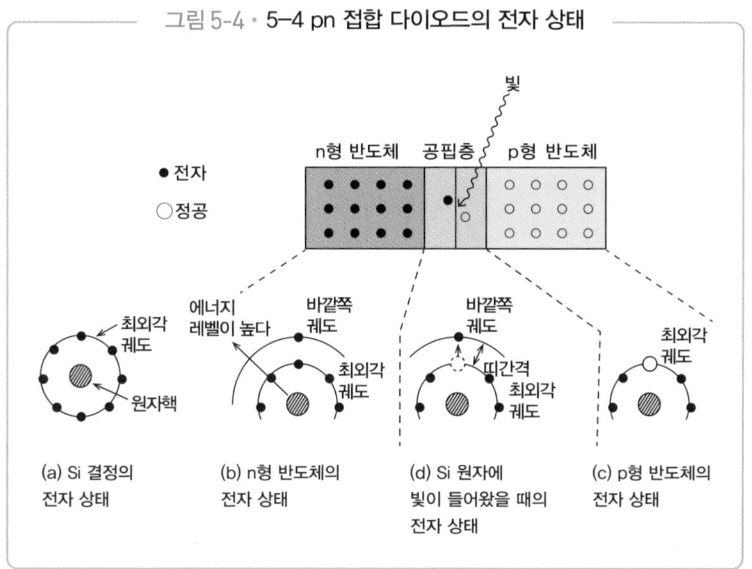

너지를 가지게 됩니다. (그림 (c))

공핍층에는 캐리어 역할을 하는 전자나 정공이 존재하지 않기 때문에 이 영역의 원자는 그림 (a)의 상태가 됩니다.

이 상태에서 공핍층 영역에 태양광이 들어오면 빛 에너지를 받아 원자에서 전자가 방출되고, 에너지 단계가 높은 바깥쪽 궤도로 이동합니다. (그림 (d)) 이때 중요한 것은 바깥쪽 궤도로 이동하는 전자는 빛에서 띠간격보다 큰 에너지를 받아야 한다는 것입니다. 빛 에너지가 띠간격보다 작은 경우에는 전자가 바깥쪽 궤도로 이동할 수 없습니다.

빛은 파장으로 결정되는 에너지를 가지고 있어서, 파장이 짧은 빛일수록 큰 에너지를 가지고 있습니다. 빛의 에너지(단위는 eV)는 파장(단위는 nm)과의 사이에서 다음의 식과 같은 관계가 됩니다.

$E = [eV] = 1240/\lambda(nm)$

한편 지표면에 도달하는 태양광의 파장별 강도는 그림 5-5와 같습니다.

그림에서도 알 수 있듯 태양광은 가시광선 주변이 가장 강한데 에너지의 약 52%가 가시광선입니다. 다음으로 적외선이 약 42%를 차지하고, 남은 5~6%가 자외선입니다. 이 빛을 모두 흡수해서 전기로 변환할 수 있다면 가장 효율이 높겠지만, 반도체마다 받아들일 수 있는 빛의 파장이 정해져 있어서 빛을 모두 흡수할 수는 없습니다.

실리콘 결정의 띠간격은 1.12eV이므로 이에 해당하는 빛의 파장은 약 1100nm가 되며, 이것은 적외선 영역입니다. 다시 말해 실리콘 결정을 사용하는 태양 전지는 파장이 1100nm보다 짧은 빛이 아니면 흡수해서 전기로 변환할 수 없습니다. 다만 그림 5-5에서도 알 수 있는 것처럼 1100nm보다 짧은 파장의 빛을 흡수하면 태양광에서 꽤 많은 에너지를 받아들일 수 있습니다.

이 이론을 통해 반도체의 띠간격이 작을수록 파장이 긴 빛도 흡수할 수 있어서 유리하다고 생각할 수 있습니다. 그러나 발전 효율과 관련이 있는 파라미터는 띠간격뿐만 아니라 그림 5-6에서 볼 수 있는 **빛의 흡수 계수**도 큰 영향을 미칩니다. 빛의 흡수 계수란 반도체의 경우 얼마만큼의 빛을 흡수해서 캐리어를 발생시킬 수 있는지를 나타내는 계수입니다. 이 흡수 계수가 높은 재료가 Ⅲ-Ⅴ족에 속한 갈륨비소(GaAs)입니다. 갈륨비소의 띠간격은 1.42eV, 빛의 파장으로 환산하면 870nm로, 흡수할 수 있는 빛의 파장의 범위는 실리콘보다 좁습니다. 그러나 흡수 계수가 높기 때문에 높은 효율의 태양 전지를 만들 수 있습니다.

이처럼 갈륨비소로 효율이 좋은 태양 전지를 만들 수 있지만, 재료의 비용이 비싸다는 단점이 있기 때문에 위성과 같은 특수한 용도에만 사용하고 있습니다. 따라서 비용이 더 저렴하면서 효율이 좋은 화합물반도체를 사용한 태양 전지 개발이 계속 진행되고 있습니다.

그림 5-5 • **지표면에 도달한 태양 광선의 스펙트럼**

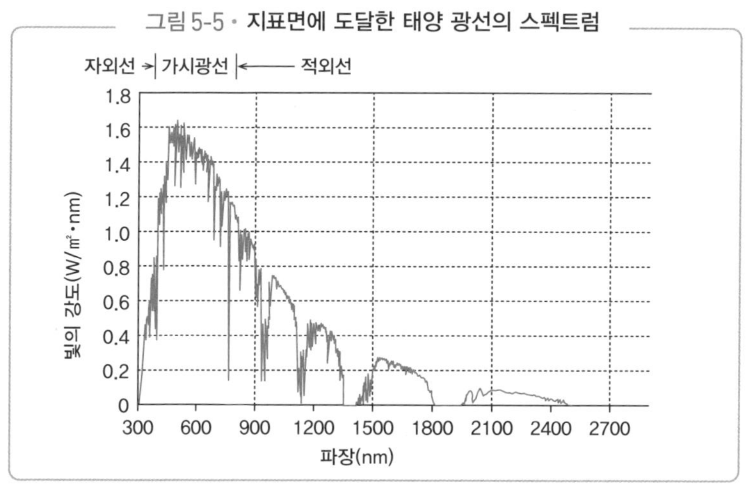

그림 5-6 • **빛의 흡수 계수**

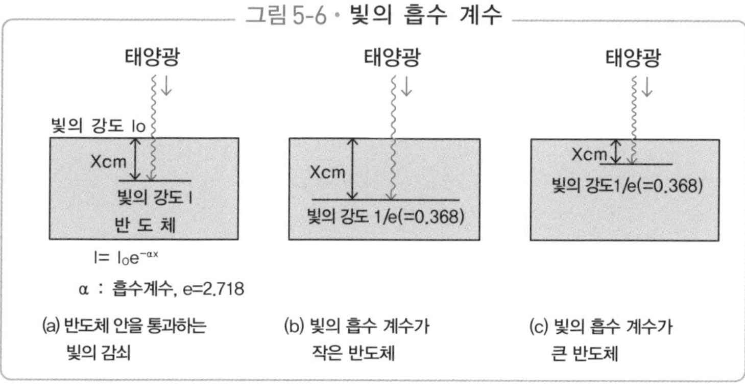

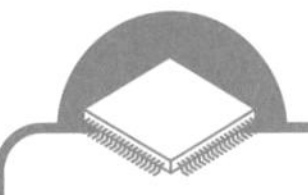

발광 다이오드 LED

전기를 직접 빛으로 변환하기 때문에 효율이 좋다

발광 다이오드(LED, Light Emitting Diode)는 pn 접합 다이오드를 사용해 전기를 빛으로 변환하여 발광하는 장치입니다. 사용하는 반도체 재료의 띠간격의 차이를 통해 자외선, 가시광선, 적외선 같은 다양한 파장의 빛을 발생시킬 수 있습니다.

이 동작 원리는 그림 5-7에서 확인할 수 있습니다. 그림 (a)는 태양 전지를 다룬 부분에서 설명한 pn 접합 다이오드와 같은 것입니다. pn 접합 다이오드에 외부로부터 아무런 에너지도 전달되지 않는 경우, 공핍층에는 캐리어로서의 전자와 정공이 존재하지 않습니다.

여기에서 다이오드에 순방향 전압을 걸면 n형 반도체에서는 전자가, p형 반도체에서는 정공이 접합면을 향해 이동합니다. 인가한 순방

그림 5-7 • LED의 발광 원리

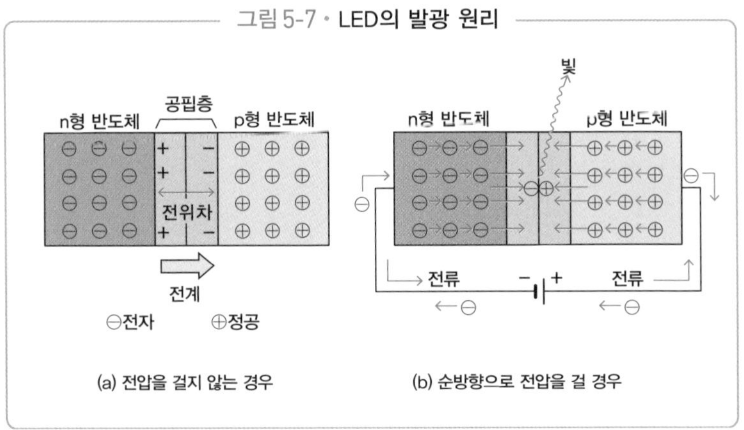

향 전압은 pn 접합 다이오드의 확산 전위차(전압)와 역극성을 띠고 있기 때문에 전압의 벽이 낮아져서 전자와 정공 모두 벽을 넘어 이동할 수 있게 됩니다.

그 결과, n형에서 나온 전자와 p형에서 나온 정공이 공핍층에서 결합하게 됩니다. 이때, 전자는 에너지가 높은 상태에서 낮은 상태로 바뀌게 되므로 남아 있는 에너지는 빛이 되어 외부로 방출됩니다. (그림 (b))

다시 말해, 그림 5-8에서 보는 것처럼 n형 반도체에서 나온 전자는 최외각 궤도보다 더 바깥쪽 궤도에 있기 때문에 높은 에너지를 가지고 있습니다. 이 높은 에너지를 가진 전자가 낮은 에너지의 정공과 결합하면 에너지 레벨이 낮아지게 됩니다. 이때 에너지의 차이, 다시 말해 띠간격에 해당하는 파장의 빛이 방사됩니다.

이때 빛의 파장 λ(nm)는 반도체의 띠간격 E_G(eV)와 $E_G=1240/\lambda$라는 관계가 성립하며, 간단하게 계산할 수 있습니다.

태양 전지에는 주로 실리콘이 사용됩니다. 그러나 실리콘은 발광

그림 5-8 • **발광 시 전자의 움직임**

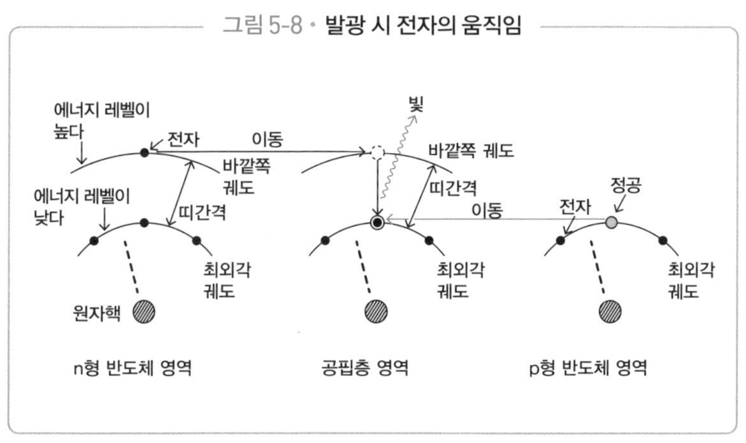

효율이 좋지 않기 때문에 LED에는 사용할 수 없습니다. 그래서 화합물반도체를 사용합니다.

화합물반도체를 사용하면 원소의 종류와 조합에 따라 띠간격을 바꿀 수 있습니다. 다시 말해, 필요로 하는 빛의 색(파장)을 자유롭게 선택할 수 있는 것입니다.

빛의 색과 그 색을 만들기 위해 사용하는 대표적인 화합물반도체의 예를 그림 5-9에서 확인할 수 있습니다. 발광 소자의 재료로는 Ⅲ-V족 화합물반도체가 주로 사용됩니다.

그중에서도 갈륨비소는 가장 일찍 연구되었고, 좋은 결정도 획득할 수 있었습니다. 그러나 띠간격이 1.43eV이기 때문에, 눈에 보이지 않는 적외선(파장 980nm)밖에 발생하지 않습니다. 이것은 현재 텔레비전이나 가전제품 리모컨 등에 사용되고 있습니다.

가시광의 빨간색을 띠기 위해서는 갈륨비소에 알루미늄을 조금 첨가해서 알루미늄갈륨비소(AlGaAs)를 만듭니다. 알루미늄갈륨비소는 알루미늄의 비율이 증가함에 따라 빛 색상의 파장이 점점 짧아져 붉은색에서 오렌지색을 띠게 됩니다. 그러나 알루미늄이 더 많아져

그림 5-9 • **빛의 색상과 발광 재료**

빛의 색상	반도체 재료(대표적인 예)
적외선	GaAs, In GaAsP
빨간색	GaP, AlGaAs, AlGaInP
오렌지색	GaAsP, AlGaInP
노란색	GaAsP, AlGaInP, InGaN
녹색	InGaN
파란색~보라색	InGaN
자외선	GaN, AlGaN

(주의) 동일한 화합물반도체를 사용하지만 빛의 색이 다른 것은 혼성 결정 비율의 차이 때문이다

서 결정이 알루미늄비소에 가까워지면 빛이 약해지며 결국에는 빛을 발하지 않게 됩니다.

갈륨인(GaP)은 정전류와 고효율로 빛을 내며, 빨간색에서 황록색까지의 빛을 낼 수 있는 재료입니다. 갈륨인은 첨가하는 불순물에 따라 빛의 색이 달라집니다.

갈륨인과 갈륨비소의 혼성 결정인 갈륨비소인(GaAsP)은 비교적 쉽게 양질의 결정을 만들 수 있습니다. 갈륨비소인은 비소와 인의 비율에 따라 주황색에서 노란색에 이르는 빛을 낼 수 있습니다.

또한 알루미늄갈륨인듐인(AlGaAsP)은 알루미늄과 갈륨의 혼성 결정 비율을 바꿈에 따라 붉은색에서 녹색에 이르는 빛을 낼 수 있습니다.

최근에는 **질화갈륨** 계열의 인듐갈륨나이트라이드(InGaN)가 주목을 끌고 있습니다. 질화갈륨은 이 책 뒤에서 나오는 '청색 LED'를 다룰 때 설명할 청색 LED 실용화를 위해 개발된 재료입니다. 여기에 인듐을 첨가한 인듐갈륨나이트라이드는 인듐과 갈륨의 혼성 결정 비율에 따라 노란색에서 자외선에 이르는 빛을 낼 수 있습니다. 이런 재료들은 LED뿐만 아니라 반도체 레이저에도 그대로 사용할 수 있습니다.

LED가 내뿜는 빛의 휘도는 pn 접합 시의 발광 효율에 따라 결정됩니다. 접합 영역의 활성층에 많은 전자와 정공을 모아서 결합시키면 발광 효율을 높일 수 있습니다.

pn 접합 다이오드의 p형과 n형에 동일한 종류의 반도체를 사용한 구조를 **호모 접합**(동형 접합)이라고 합니다. (그림 5-10 (a)) 구조는 간단하지만 발광한 빛이 결정에서 외부로 나가기 전에 다시 흡수되기 때문에 발광 효율이 떨어집니다.

고휘도 LED를 만들기 위해서는 그림 5-10 (b)에서 보는 것과 같이 **더블 헤테로 접합**을 사용합니다. 더블 헤테로 접합은 클래드

그림 5-10 • 발광 시 전자의 움직임

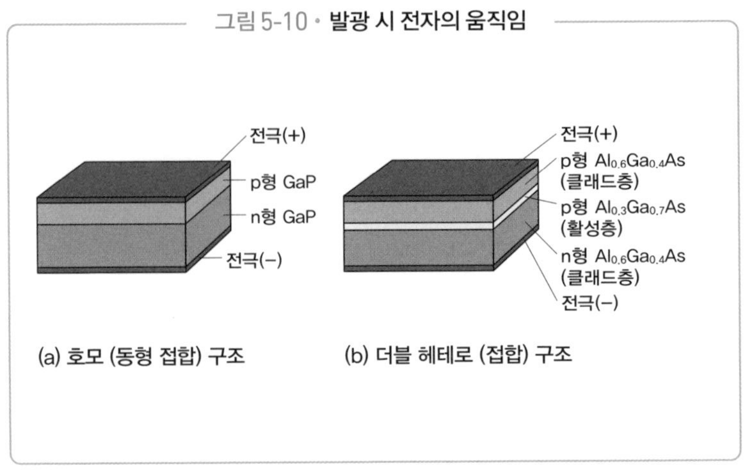

(a) 호모 (동형 접합) 구조 (b) 더블 헤테로 (접합) 구조

층이라고 부르는 층에 활성층을 끼운 구조로 되어 있습니다. 이때 중요한 점은 클래드층의 띠간격은 활성층의 띠간격보다 커야 한다는 것입니다.

여기에서 순방향으로 전압을 걸면 전자와 정공이 이동하기 시작합니다. 그러나 호모 접합과는 달리 클래드층과 활성층의 띠간격에 차이가 있습니다. 따라서 헤테로 접합 부분인 p형 클래드층과 활성층 사이에는 전자를 가로막는 전압의 벽이 생성됩니다. 그 결과, 전자는 활성층 부분에 갇혀 있는 것입니다.

한편 n형 클래드층과 활성층 사이에는 정공에 대한 전압의 벽이 생성되며, 정공도 활성층 안에 갇혀 있게 됩니다. 그 결과, 활성층의 전자와 정공의 밀도가 높아집니다. 따라서 전자와 정공이 효율적으로 결합할 수 있게 되며, 발광 효율이 높아지는 것입니다.

그림에서는 클래드층과 활성층에 모두 동일한 반도체 알루미늄갈륨비소를 사용했습니다. 그러나 클래드층과 활성층은 알루미늄과 갈륨의 혼성 결정 비율이 다르기 때문에 **헤테로**(이종)라고 부릅니다.

그림 5-11 • **더블 헤테로 구조 LED의 예**

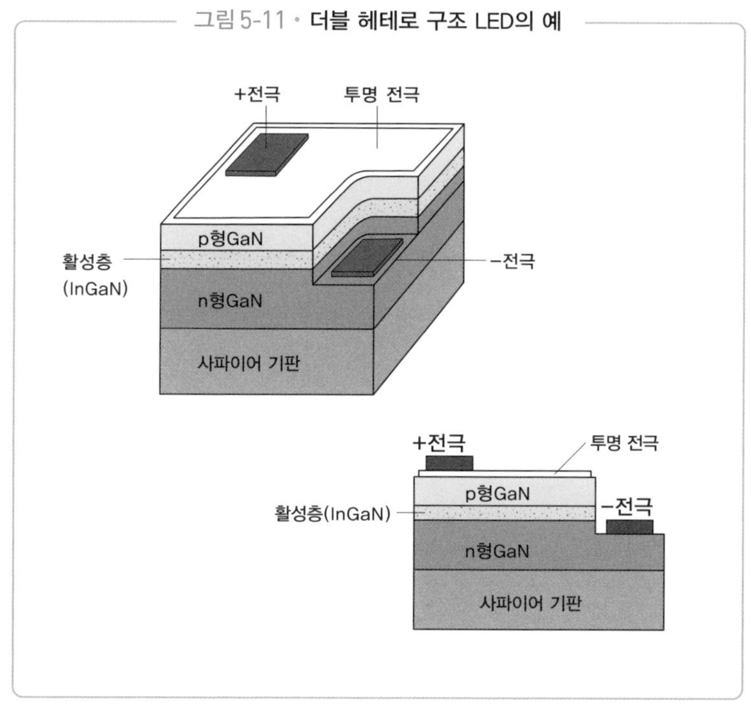

그림 5-11에서 질화갈륨을 사용한 더블 헤테로의 LED 예를 확인할 수 있습니다. 빛을 위로 비추는 구조이기 때문에 윗면은 투명한 전극으로 덮여 있습니다. 크기는 200㎛~500㎛인 사각형 형태이며, 두께도 100㎛ 전후로 작습니다.

청색 LED

세 명의 일본인 노벨상 수상자를 중심으로 개발

빨간색에서 녹색에 이르는 빛을 내는 LED가 개발된 후, 다음 목표는 푸른빛을 내는 LED를 만드는 것이었습니다. 푸른빛의 LED를 만드는 데 성공하면 청색 LED와 녹색 LED를 합쳐 빛의 삼원색이 모이게 되므로 전등 조명에 사용하는 백색 LED를 만들 수 있습니다.

파장이 짧은 청색광을 내기 위해서는 띠간격이 큰(와이드 갭) 반도체 재료를 사용해야 합니다. 이에 사용할 수 있는 재료 후보로는 셀레늄화아연, 질화갈륨 이렇게 두 종류가 있었습니다.

그러나 질화갈륨은 결정을 만드는 것이 어려웠으며, 결정을 만드는데 겨우 성공했다 해도 결함투성이여서 사용할 수가 없었습니다. 그래서 거의 모든 연구자들이 셀레늄화아연을 본격적으로 연구하기 시작했습니다.

그러던 중 질화갈륨의 단결정화에 계속 도전한 사람들이 바로 2014년에 노벨 물리학상을 수상한 일본 나고야 대학의 아카사키 이사무, 이미노 히로시와 니치아 화학의 나카무라 슈지였습니다.

먼저 아카사키가 질화갈륨을 연구했는데, 나고야 대학의 교수로 취임한 1981년경부터 시작했습니다. 그리고 1989년에 질화갈륨의 청색 발광에 성공했습니다.

결정을 만드는 데는 몇 가지 방법이 있었는데, 아카사키가 선택한 것은 MOCVD(유기금속 화학기상 증착법)였습니다. 이것은 유기금속의 트리메틸갈륨(TMG: $Ga(CH_3)_3$)과 암모니아(NH_3)를 원료로 해서 질화갈륨 결정을 에피택셜 성장시키는 것이었습니다.

이 방법을 적용할 때는 기판 재료가 매우 중요했는데, 기판이 질화갈륨 결정과 비슷한 **격자 정수**(원자 간의 거리)를 가지고 있어야 했습니다. 그림 5-12 (a)에서 보는 것처럼 기판과 성장하는 반도체의 격자 정수가 동일하거나, 적어도 매우 가까운 값이어야 깨끗한 단결정을 얻을 수 있었습니다. 그러나 격자 정수가 크게 다른 경우에는 그림 (b)에서처럼 결정이 붕괴되어 균일하고 또렷한 단결정이 만들어지지 않습니다.

질화갈륨의 경우 가까운 격자 정수를 가지고 있는 적절한 기판 재

그림 5-12 • 기판과 결정을 성장시키는 반도체의 격자 정수

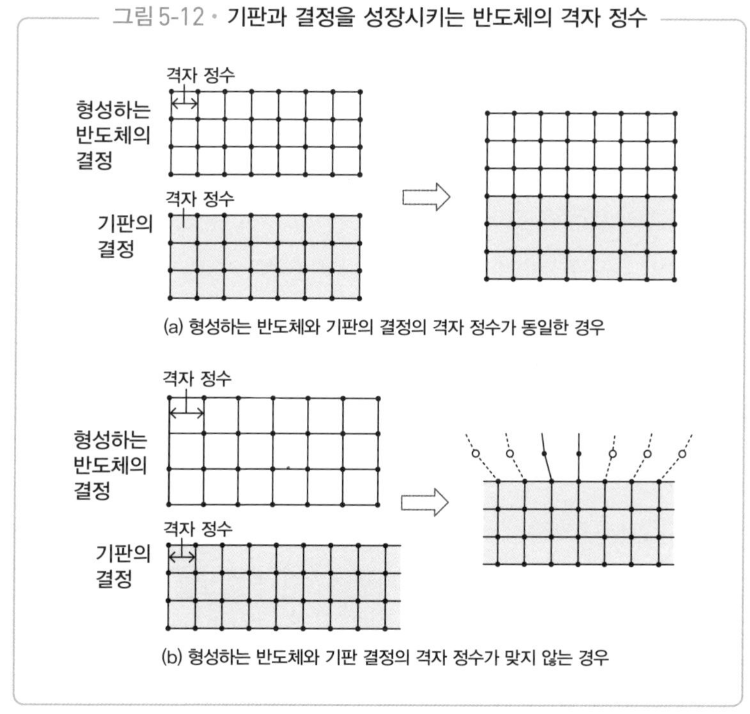

료가 없었습니다. 아카사키는 사파이어(Al_2O_3)를 선택했지만, 이 또한 격자 정수에 13% 정도 차이가 있어서 결함이나 전위가 많은 결정밖에 만들어지지 않았습니다.

아카사키와 아마노는 이 문제를 해결해 큰 공적을 세웠습니다. 그 방법은 사파이어 기판과 질화갈륨 사이에 저온 버퍼(완충) 층을 끼우는 것이었습니다. 그리고 이 방법을 개발할 때 약간의 우연이 뒤따랐습니다.

일반적으로 질화갈륨 단결정은 1000℃ 정도의 고온에서 제작합니다. 그러나 아카사키의 실험에 합류할 당시 대학원생이었던 아마노는 어느 날 1000℃보다 훨씬 낮은 온도에서 실험을 했습니다. 그날 용광로의 상태가 좋지 않아서 온도가 올라가지 않았던 것입니다.

이때 아마노는 질화갈륨이 아니라 질화알루미늄(AlN)의 얇은 막을 사파이어 기판상에 제작했습니다. 그리고 실험이 시작된 후, 용광로가 원래의 컨디션을 되찾았기 때문에 이번에는 질화알루미늄 위에 질화갈륨을 제작하기 시작했습니다.

만들어진 결정을 꺼내 본 결과, 항상 만들어지던 불투명 유리 결정이 존재하지 않았습니다. 결정성이 좋지 않았기 때문에 원래는 불투명 유리와 비슷한 결정이 만들어졌던 것입니다. 그래서 아마노는 '원료를 넣는 걸 깜빡한 것이 아닌가' 하고 생각했습니다. 그러나 조사해 본 결과 무색투명한 질화갈륨 결정이 만들어졌다는 사실이 확인되었습니다. 이 실험이 행해진 것은 1985년이었습니다.

섭씨 600℃ 정도에서 형성한 버퍼층 반도체는 온도가 낮기 때문에 완전한 결정을 형성하지는 못합니다. 그렇기 때문에 사파이어와의 격자 정수의 차이를 유연하게 흡수했고, 그 위에 질화갈륨 단결정을 제작할 수 있었던 것입니다. 이 기술은 '저온 버퍼층 기술'이라고 불리며, 청색 LED에는 필수 기술이 되었습니다. (그림 5-13)

그림 5-13 • **저온 버퍼층**

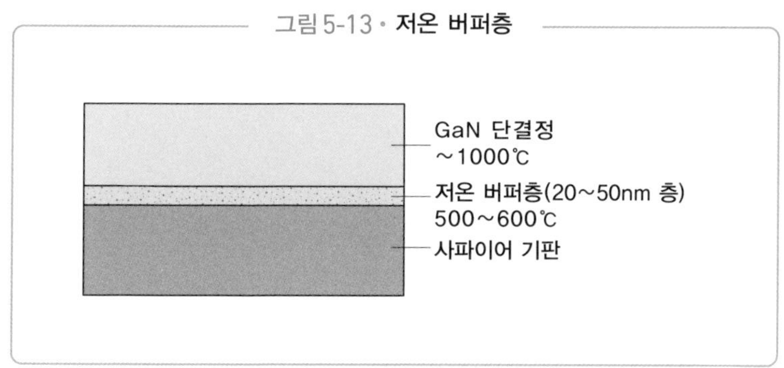

청색 LED를 개발하는 데는 노벨상을 수상한 세 명 이외에도 큰 공헌을 세운 연구자가 있습니다. 그는 NTT 연구소의 마쓰오카 타카시입니다.

아마노가 완전한 질화갈륨 단결정을 처음 만들었을 때, "아무것도 만들어지지 않은 줄 알았다."고 회고한 것처럼, 질화갈륨 단결정은 무색투명합니다. 이것은 질화갈륨의 띠간격이 약 3.4eV이고, 발광하는 빛의 파장은 360nm의 자외선 영역이어서 가시광선을 거의 모두 통과하기 때문입니다.

그러므로 청색 빛(450nm 정도의 파장)을 내기 위해서는 띠간격이 2.76eV 정도인 반도체가 필요했습니다. 그래서 띠간격이 좁은 인듐갈륨나이트라이드 단결정이 필요했습니다.

1989년에 마쓰오카는 이 인듐갈륨나이트라이드 단결정화에 성공했습니다. 이 성과가 없었다면 청색 LED는 실현되지 못했을 것입니다.

이런 기술을 사용해서 아카사키와 아마노는 1989년에 질화갈륨의 pn 접합을 만들어서 청색 빛을 내는 데 성공했습니다. 그러나 이것을 상품화하기에는 여전히 휘도가 충분하지 않았습니다.

또 한 명의 노벨상 수상자인 니치아 화학의 나카무라 슈지는 1989년에 질화갈륨 단결정을 만들기 시작했는데, 이것은 아카사키와 아마

그림 5-14 • 투 플로 방식의 원리

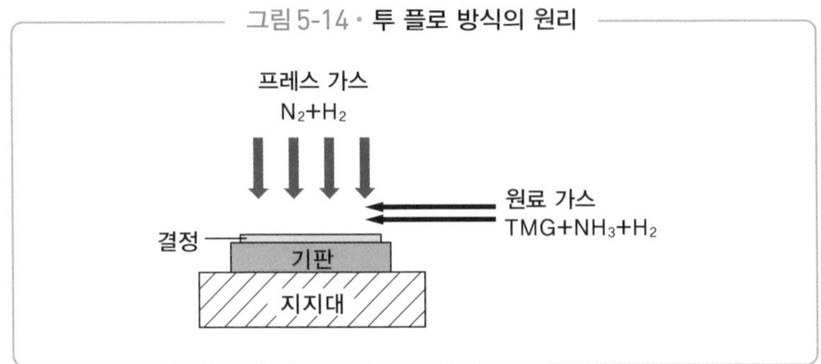

노가 질화갈륨 단결정의 청색 발광에 성공한 다음의 일입니다.

나카무라의 공적은 '투 플로 방식'이라는 방법으로, 고품질 질화갈륨 결정을 제작해서 청색 빛의 휘도를 높이고, p형 질화갈륨의 효율적인 제조 방법을 개발한 것입니다.

기존 MOCVD법에서는 사파이어 기판상에 반응 가스(TMG와 NH_3)를 비스듬하게 접촉시켜 질화갈륨 단결정을 성장시켰습니다. 그러나 나카무라는 1000℃나 되는 고온의 기판이기 때문에 그 열로 인해 원료 가스는 대류 현상을 일으켜 상승해서 기판에 결정이 쌓이지 않을 것이라고 추측하고, 그림 5-14와 같은 방법을 고안했습니다.

이 방법에서는 서로 다른 목적을 지닌 두 가지 가스를 사용합니다. 그중 하나는 트리메틸갈륨(TMG)+암모니아(NH_3)+수소(H_2)로 구성된 원료 가스로, 기판에 내해 평행하게 흘려보냅니다. 또 하나는 질소(N_2)+수소로 구성된 가스로, 기판에 대해 위쪽에서 수직으로 흘려보냅니다. 이 가스는 원료 가스가 열대류로 인해 위쪽으로 떠오르는 현상을 억제하는 역할을 하는 프레스 가스입니다.

2개의 흐름(플로)이 있기 때문에 '투 플로'라고 부르게 되었고, 이 특허는 후에 특허 공개 번호 마지막 세 자리를 따서 '404특허(일본특허 제

2628404호)'라고 불리게 될 정도로 유명해졌습니다.

나카무라가 세운 또 하나의 성과는 p형 질화갈륨 제조 방법이었습니다.

n형은 비교적 간단하게 구현할 수 있지만, p형 질화갈륨을 만드는 것은 기술적으로 쉬운 일이 아니었습니다. 그러나 아카사카와 연구자들은 질화갈륨에 Ⅱ족 마그네슘을 첨가하고 전자선을 조사하여 이 문제를 해결했습니다. 그러나 이 방법을 실제 제조 라인에서 적용하기 위해서는 비용이 너무 많이 발생했기 때문에 현실적이지 못했습니다. 그래서 나카무라는 p형 질화갈륨을 제작하는 방법을 연구했고, 질화갈륨 결정을 일정한 조건에서 열처리하면 p형이 된다는 사실을 발견했습니다. 이 발견으로 청색 LED를 양산하는 길이 열렸습니다.

그리고 나카무라는 NTT 연구소 마쓰오카의 인듐갈륨나이트라이드의 기술을 적용해서 발광 효율이 높은 더블 헤테로 접합의 청색 LED를 개발했습니다. (그림 5-15) 이 LED의 휘도는 1칸델라까지 높아졌으며, 이것은 당시의 청색 LED의 휘도보다 100배나 밝은 것이었습니다.

청색 LED를 구현하는 데는 아카사키와 아마노가 발견한 기초 기술이 중요한 역할을 했습니다. 그리고 이를 상품화하기까지 발전시킨 것은 나카무라의 공적입니다. 이 세 명과 더불어 마쓰오카의 역할이 더해져서 비로소 청색 LED 제품 개발에 성공한 것이지요.

그림 5-15 · 더블 헤테로 접합의 청색 LED(단면도)

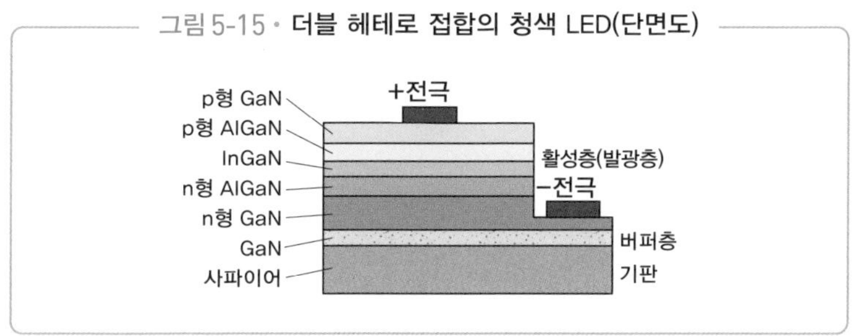

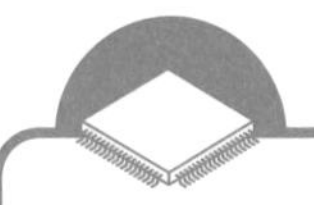

또렷한 빛을 쏘는 반도체 레이저

CD·DVD·BD 픽업 및 광통신에 사용

레이저(Laser)란 **코히런트 광**이라고 하는 '또렷한' 빛을 쏠 수 있는 장치입니다. 여기서 말하는 '또렷함'이란 위상이 정렬되어 있다는 것을 의미합니다.

LED를 사용하면 단일 파장의 빛, 소위 말하는 단색광을 낼 수 있지만, 그림 5-16 (a)에서 보는 것처럼 위상이 정렬되어 있지는 않습니다. 이에 비해, 코히런트 광은 그림 5-16 (b)에서 보듯 파장뿐만 아니라 위상도 하나로 정렬된 빛입니다. 레이저는 코히런트 광을 발생시킬 수 있는 장치입니다.

반도체 레이저는 **레이저 다이오드**(LD, Laser Diode)라고도 불리며, pn 접합 다이오드에 전류를 흘려보내서 발광시키는 원리는 기본적으로 발광 다이오드 LED와 동일합니다. 그리고 사용하는 반도체도 LED와

그림 5-16 • **코히런트 광**

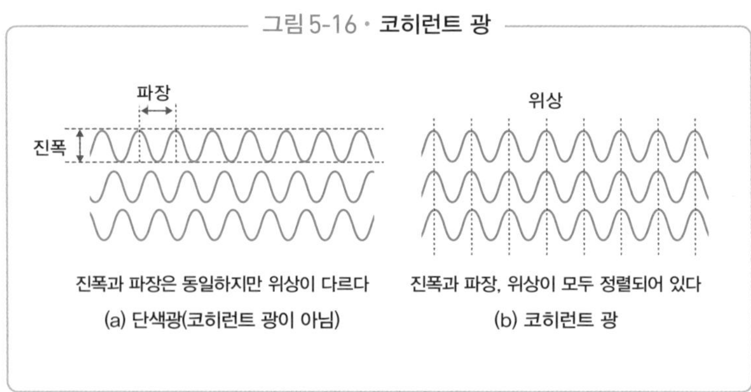

완전히 동일합니다.

이 둘은 빛의 방출 방법에 차이가 있습니다. LED는 발생한 빛을 그대로 외부로 방출하는 자연 방출 현상입니다. 한편, 반도체 레이저는 **광 공진기**라는 구조 속에서 빛이 증폭되어 강하게 방출되는 **유도 방출**이라는 현상을 이용합니다.

광 공진기 안에서 증폭된 빛은 파장이나 위상이 모두 정렬된 코히런트 광이 됩니다. Laser란 'Light Amplification by Stimulated Emission of Radiation(유도 방출에 의한 빛의 증폭)'의 첫 글자들을 딴 것으로, 위에서 설명한 '빛의 증폭'과 '유도'라는 의미가 들어 있습니다.

반도체가 빛을 내는 것은 LED와 비슷하지만 그림 5-17에서 보는 것처럼 구조에는 차이가 있습니다. 활성층(발광층)에서 만들어진 빛은 LED에서는 상하좌우 모든 방향으로 방사되지만, 반도체 레이저에서는 활성층의 양쪽 끝단에서 수평 방향으로 방사됩니다.

실제 반도체 레이저(칩)는 그림 5-18에서 보는 것처럼 더블 헤테로 구조로 이루어져 있으며, (a)에서 볼 수 있듯 얇은 활성층

그림 5-17 • **발광 다이오드(LED)와 반도체 레이저의 구조**

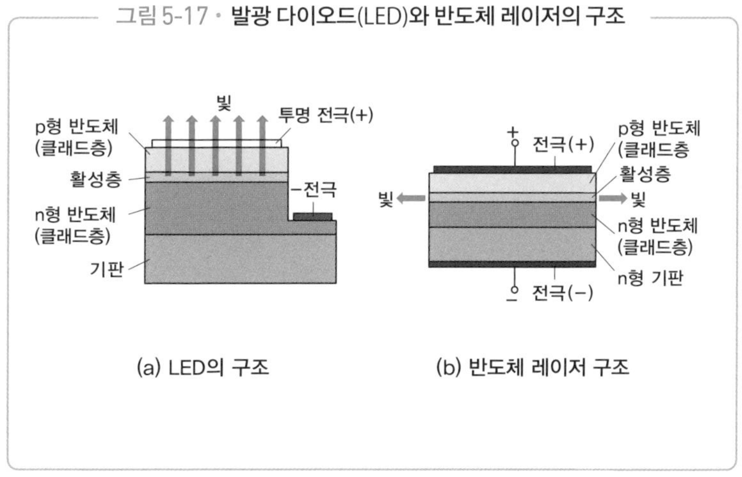

(a) LED의 구조

(b) 반도체 레이저 구조

(100~200nm)을 두 개의 클래드층(1~2μm)에 끼운 구조입니다.

그림 5-18 (b)는 더블 헤테로 구조의 반도체 레이저를 간략하게 그린 것으로, 옆에서 본 단면도입니다. LED와 마찬가지로 p형과 n형 클래드층에 끼워진 활성층에서 전자와 정공이 재결합해서 빛을 냅니다. 칩 단면은 빛을 반사하는 거울 역할을 합니다.

또한 활성층의 빛의 굴절률을 높이고, 클래드층의 굴절률을 낮춰서 빛이 활성층에서 밖으로 빠져나가지 않게 합니다. 이렇게 하면 활성층에서 발생한 빛은 활성층 내에 갇히게 됩니다. 그리고 그림 5-18 (c)에서 보는 것처럼 양쪽 끝의 거울로 반사를 거듭하면서 왕

그림 5-18 • **반도체 레이저의 구조**

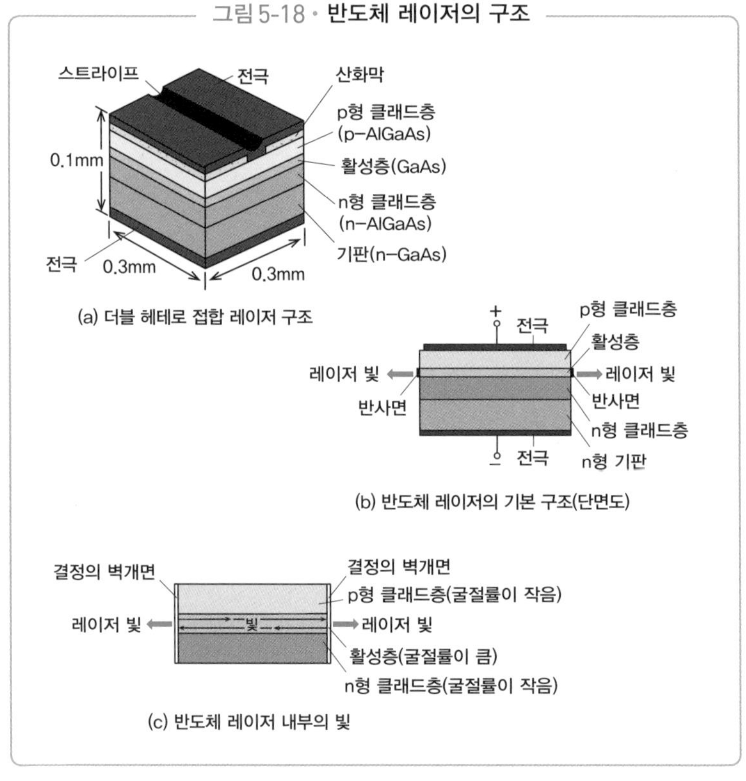

복하는 동안 파장이 일정한 빛이 됩니다. 이것이 바로 광 공진기입니다.

일단 활성층 안에서 재결합이 발생하면, 이때 발생한 빛이 방아쇠 역할을 해서 다른 전자가 연속적으로 재결합하게 되며, 유도 방사라는 현상이 발생합니다. 이때 두 번째 이후의 재결합에서 발생하는 빛은 처음의 빛과 동일한 위상이 됩니다. 이 유도 방사가 여러 번 반복됨에 따라 위상이 정렬된 강한 빛이 발생하는 원리입니다.

그림 5-19에서 볼 수 있듯, LED의 빛과 레이저의 빛은 파장 분포에 큰 차이를 보입니다. (a)의 LED 빛은 파장이 어긋난 빛을 많이 포함하고 있습니다. 이에 비해 비교적 구조가 간단한 FP(Fabry-Perot, 페브리 페로형) **레이저** 빛은 (b)처럼 파장 분포가 아주 적습니다. FP 레이저의 구조는 그림 5-18에서 볼 수 있습니다.

그림 5-19 (c)는 구조가 더욱 복잡한 DFB(Distributed FeedBack: 분포 귀환형) 레이저 빛입니다. DFB **레이저**는 그림 5-20에서 보는 것처럼 클래드층과 활성층의 경계에 파형의 회절격자를 배치한 구조입니다. 이 경우, 회절격자 주변의 두 배의 파장을 가진 빛 외에는 서로 상쇄

그림 5-19 • LED와 레이저에서 나오는 빛의 파장

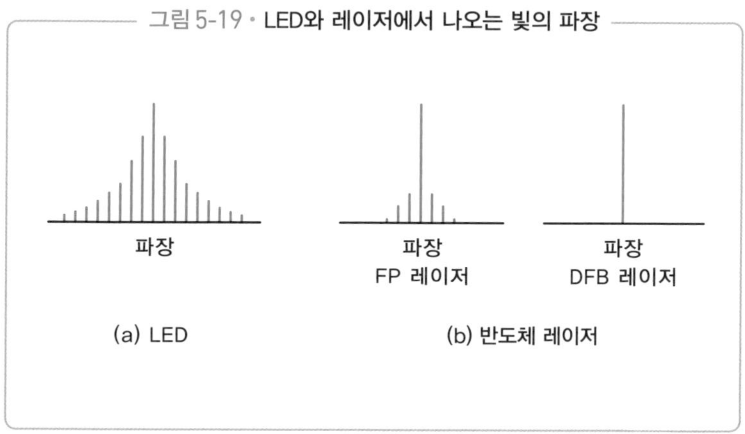

그림 5-20 • DFB 레이저의 구조와 원리

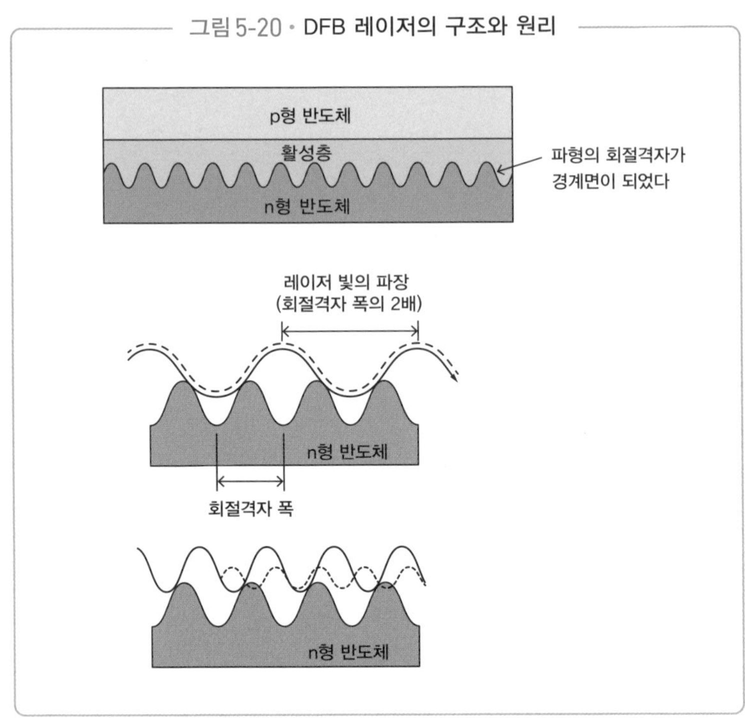

되어 소멸합니다. 그 결과, 단일 파장의 코히런트 빛을 얻을 수 있습니다.

레이저 빛의 특징 중 하나는 작은 크기의 빛을 직선으로 쏘아낼 수 있다는 것인데, 이 직진성을 이용해 측량계와 같은 곳에 사용하기도 합니다. 또한 CD나 DVD, POS 스캐너처럼 매우 작은 지점에 기록된 정보를 읽어 들이는 용도의 빛으로도 사용합니다.

CD나 DVD, BD 등에서는 그림 5-21에서 보는 것처럼 파장을 엄격하게 규정합니다. 파장이 짧은 빛이어야 지점을 작게 만들 수 있기 때문에 디스크 기록 용량을 늘릴 수 있습니다. 대용량 블루레이 디스크는 청색 레이저의 실용화를 통해 만들어질 수 있었습니다.

현재의 통신 네트워크에는 광섬유 케이블이 널리 사용되고 있습니니

그림 5-21 • 반도체 레이저의 사용 파장

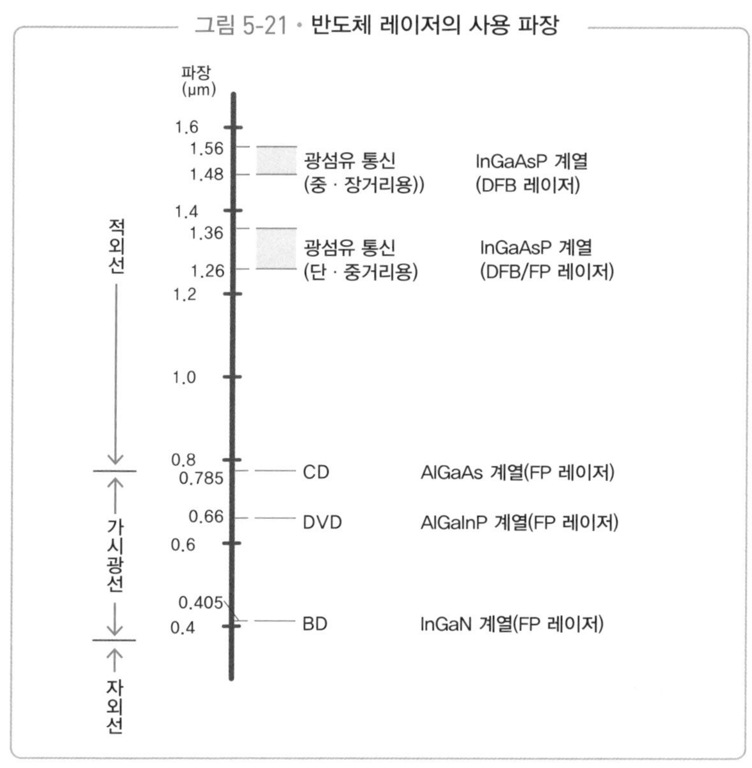

다. 그렇기 때문에 전기 신호를 광신호로 변환해서 전송해야 하는데, 여기에도 반도체 레이저가 활용됩니다.

광신호는 그림 5-22처럼 빛의 ON, OFF로 디지털 신호의 '1'과 '0'을 전송합니다. 반도체 레이저를 사용하면 1초에 100억 회(10Gbps) 이상의 빠른 속도로 ON과 OFF를 반복할 수 있습니다.

광섬유 케이블 전송 시에는 광신호가 가능한 한 감쇠되지 않도록 하면서 장거리로 전송하는 것이 중요합니다. 광섬유 케이블 내부의 빛의 감쇠량은 빛의 파장에 따라 달라집니다. 파장 1.55μm 영역대에서 감쇠가 가장 작게 일어나기 때문에 장거리, 대용량 전송일 경우에는 이 파장의 레이저를 사용합니다.

그림 5-22 • 레이저에 의한 광 펄스 발생

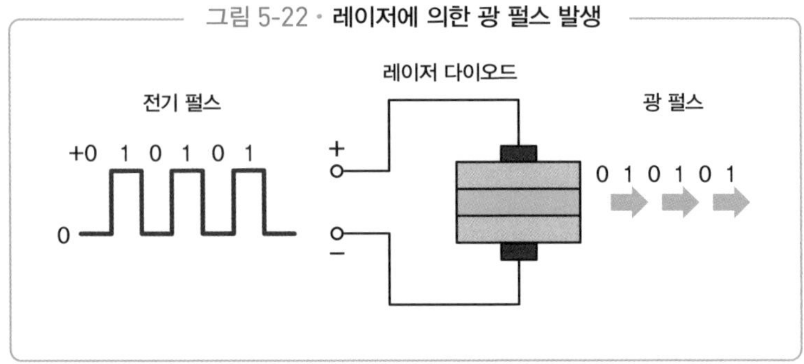

게다가 초고속 광신호를 장거리로 전송하기 위해서는 DFB 레이저를 사용합니다. 광 펄스의 파형이 흐트러지지 않도록 단 하나의 파장을 사용해야 하기 때문입니다. 그리고 특별히 까다로운 조건이 아닌 경우에는 비용이 저렴한 FP 레이저를 사용합니다.

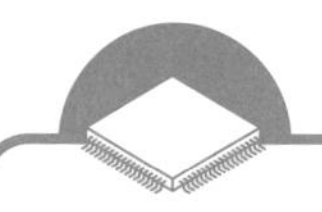

디지털카메라의 눈, 이미지 센서

카메라 눈으로 사용되다

이미지 센서는 빛을 전기 신호로 변환하는 반도체로, 스마트폰이나 디지털카메라의 눈으로 사용되고 있습니다.

이미지 센서는 그림 5-23에서 보는 것처럼 마이크로 렌즈, 컬러 필터, **포토다이오드**로 구성되어 있습니다. 입사광을 마이크로 렌즈에 집광시킨 후 컬러 필터를 통과시켜 삼원색으로 분해한 다음, 광량을 검출하는 포토다이오드로 검출합니다.

포토다이오드는 광량을 전기 신호(전하)로 변환하고, 이 전하를 축적합니다. 단, 빛을 식별하는 것이 불가능하고 빛의 세기만 인식할 수 있습니다. 그러므로 빛을 표현하기 위해서는 컬러 필터를 사용해 빛의 삼원색으로 분해한 다음, 각 원색의 광량을 검출해서 빛의 정보를 얻는 것입니다.

이 포토다이오드는 태양 전지와 마찬가지로 pn 접합으로 만들어집니다. 그러나 광조량에 따른 전류 출력을 최대화할 수 있도록 설계된 태양 전지와 달리, 포토다이오드는 광량과 전하의 변환 효율을 높여서 또렷한 상을 얻을 수 있도록 최적화되어 있습니다.

이미지 센서는 '화소'라고 불리는 구조를 집적한 형태입니다. 카메라 성능을 이야기할 때, 예를 들면 '1000만 화소'라고 말하는 경우가 있습니다. 이것이 바로 화소 수를 의미합니다. 기본적으로는 화소 수가 높은 편이 더 또렷한 화상을 얻을 수 있습니다.

그림 5-23 • **이미지 센서의 구조**

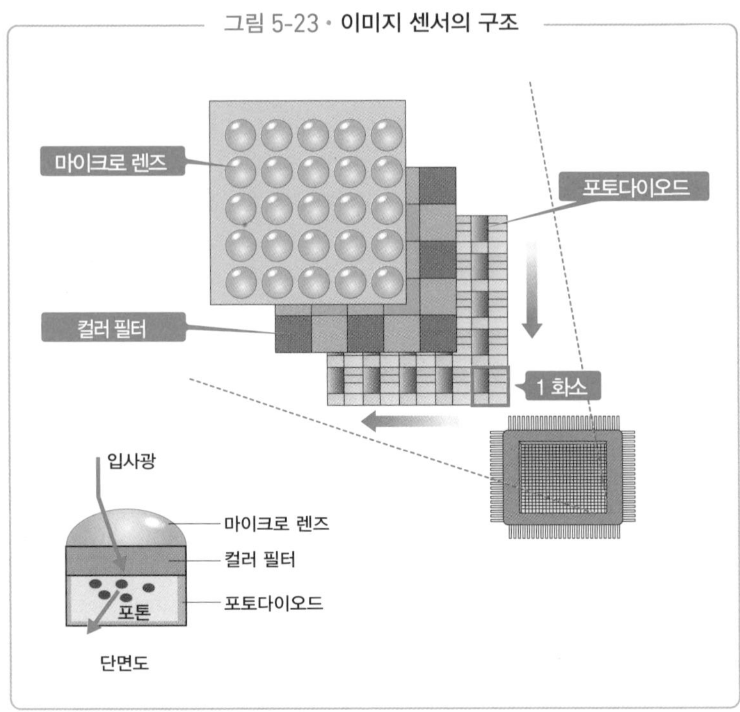

이미지 센서 구조에는 대표적으로 두 가지가 있습니다.

그중 하나는 옛날부터 사용하고 있는 CCD(Charge Coupled Devices, 전하 결합 소자) 이미지 센서이고, 다른 하나는 2000년대부터 실용화되기 시작한 CMOS(Complementary Metal Oxide Semiconductor, 상보성 금속 산화막 반도체) 이미지 센서입니다. 이 CCD 구조나 CMOS 구조는 포토다이오드에서 발생한 진하를 처리하는 회로의 구조 차이이며, 마이크로 렌즈, 컬러 필터, 포토다이오드 같은 구성 요소는 동일합니다.

그림 5-24에서는 CCD 구조와 CMOS 구조가 포토다이오드에 축적된 전하를 읽어 들이는 방법을 확인할 수 있습니다.

CCD는 포토다이오드에 축적된 전하를 버킷 챌린지 방식처럼 화소 간에 전송하면서 앰프 하나로 이동시켜 큰 전자 신호로 변환합니다.

그러므로 전하를 전송하기 위해서는 높은 전압이 필요하고, 소비 전력이 커지며 읽어 들이는 데 시간이 걸린다는 단점이 있습니다. 그러나 모든 화소에 대해 동일한 앰프를 사용하기 때문에 앰프의 특성에 편차가 없고, 일반적으로 좋은 화질을 얻을 수 있습니다.

한편 CMOS 방식은 화소마다 앰프를 가지고 있습니다. 회로가 저소비 전력인 CMOS로 구성되어 있기 때문에 적은 전력을 소비하며, 전하를 즉시 앰프로 증폭시키기 때문에 읽어 들이는 속도도 빠릅니다. 그러나 화소마다 앰프를 가지고 있기 때문에 앰프의 특성에 편차가 있어, 화질을 악화시키는 요인이 됩니다.

CMOS 방식에서는 화소 안에 전자 회로를 만들기 때문에, 포토다이오드에 도달하는 빛이 약하고 감도가 좋지 않다는 문제점이 있었습니다. (그림 5-25 (a))

그림 5-24 • CCD와 CMOS 구조의 차이

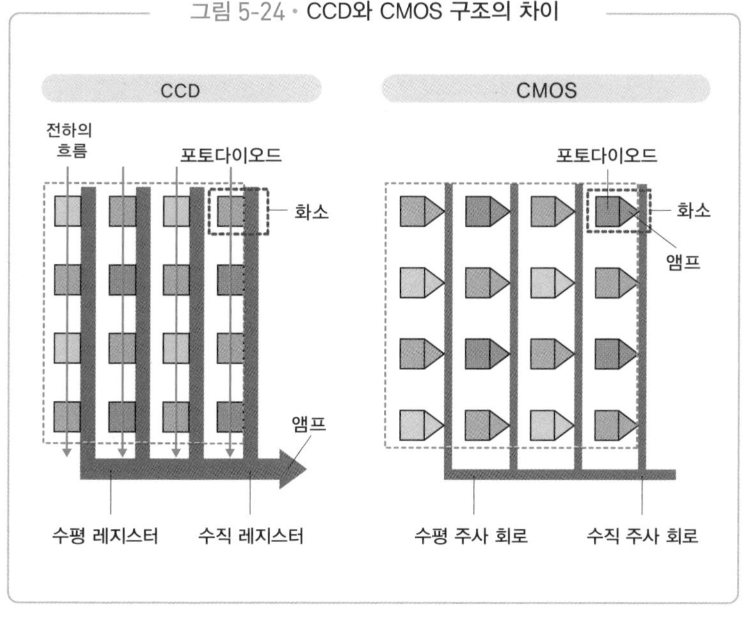

그러나 2008년에 일본 소니에서 이면 주사 타입 CMOS 이미지 센서 'Exmor R'을 양산하기 시작했습니다. 이것은 그림 5-25 (b)에서 보는 것처럼 칩의 뒷면에서 빛을 입사하는 방식으로, 포토다이오드에 도달하는 빛의 양이 많아지게 되었습니다. 그후에도 소니는 적층형 CMOS 이미지 센서나 35mm 풀 사이즈 이면 조사형 CMOS 이미지 센서 개발과 같이 기술 혁신을 이끌어 왔습니다.

CMOS 구조는 지금의 LSI 프로세스와 공통적인 부분이 많기 때문에 다른 디지털 회로와 집적화하기가 쉬우며, 낮은 비용을 실현할 수 있다는 장점이 있습니다. 한편 CCD 구조는 특수 프로세스를 필요로 하기 때문에 비용이 많이 발생합니다. 따라서 이미지 센서는 점점 CMOS화되어 가고 있고, 지금은 CMOS 이미지 센서가 완전히 주류가 되었습니다.

그림 5-25 • **기존 타입과 이면 주사 타입의 CMOS 이미지 센서**

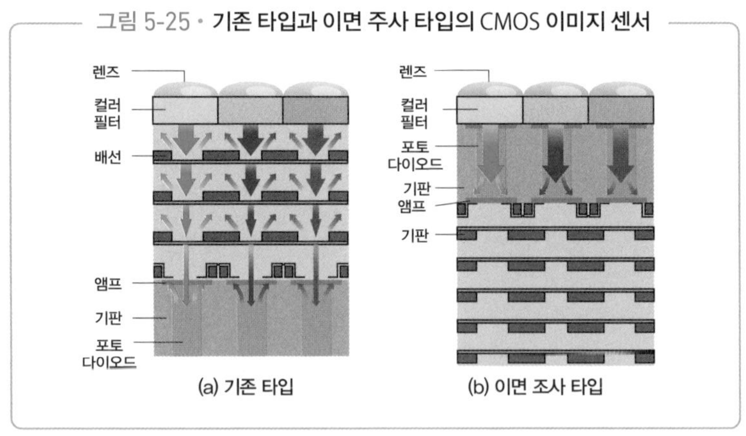

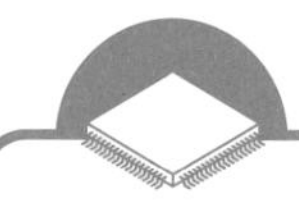

무선용 반도체

mm파 영역대의 전파도 증폭시킬 수 있는 반도체

앞에서 설명한 것처럼 트랜지스터는 라디오나 텔레비전에 사용되기까지 계속해서 고주파화가 진행되었습니다. 그렇지만 트랜지스터 증폭기는 주파수가 높아지자 이득(증폭도)이 저하되어 기존의 트랜지스터로는 실제로 몇 GHz 정도밖에 증폭할 수 없었습니다.

그러나 무선 통신에는 이를 뛰어넘는 5GHz나 수십 GHz부터 100GHz에 가까운 전파도 이용되고 있습니다. 이전에는 이 주파수대에서라면 진행파관(TWT) 같은 전자관에 의지할 수밖에 없었습니다.

이 분야에서 브레이크 스루를 일으킨 것은 1979년에 일본 후지쓰 연구소의 미무라 타카시가 발명한 HEMT(High Electron Mobility Transistor)라는 트랜지스터였습니다. HEMT는 수십 GHz의 마이크로파 대역부터 100GHz에 가까운 mm 대역의 주파수까지 사용할 수 있는 초고주파 트랜지스터입니다. HEMT는 잡음이 적다는 특징도 있어서, 미세한 신호를 증폭하는 데 매우 유리합니다.

HEMT의 기본 구조는 FET입니다. 그러나 기존의 FET와 비교하면 고주파 특성이나 잡음 특성을 개선하기 위한 아이디어가 반영되어 있습니다. 그것은 다음의 두 가지입니다.

(1) 실리콘보다 전자 이동도가 높은 갈륨비소를 사용하기 때문에 전자가 결정 내부에서 고속으로 주행할 수 있으며, 고주파 신호

에도 대응할 수 있다.

(2) 기판 내부를 '전자를 발생시키는 층'과 '전자가 주행하는 층'으로 나누고, 전자가 주행하는 층을 사용해 전자를 고속 주행하게 할 수 있다.

HEMT의 기본 구조는 그림 5-26에서 살펴볼 수 있습니다.

HEMT는 갈륨비소의 기판상에 전자가 주행하는 층(채널층)으로 불순물이 없는 고순도 갈륨비소 결정을 만듭니다. 그 위에 전자를 발생시키는 층(전자 발생층, 전자 공급층)으로 n형 알루미늄갈륨비소 결정을 에피택셜 성장을 통해 쌓아 나갑니다.

기판은 불순물이 포함되지 않은 갈륨비소 결정이며 거의 절연체에 가깝습니다. HEMT의 캐리어가 되는 전자는 n형 불순물을 포함하는 전자 발생층의 알루미늄갈륨비소 결정에서 만들어집니다.

알루미늄갈륨비소 결정은 알루미늄이나 갈륨과 같은 Ⅲ족 원소이기 때문에 알루미늄과 갈륨을 적정한 비율로 혼합하면 갈륨비소 같은 Ⅲ-Ⅴ족 화합물반도체가 됩니다. 혼성 결정을 하면 결정의 전기적 특성이 조금 변하며, 띠간격 값은 알루미늄갈륨비소가 갈륨비소보다 높아집니다.

그림 5-26 • HEMT의 기본 구조

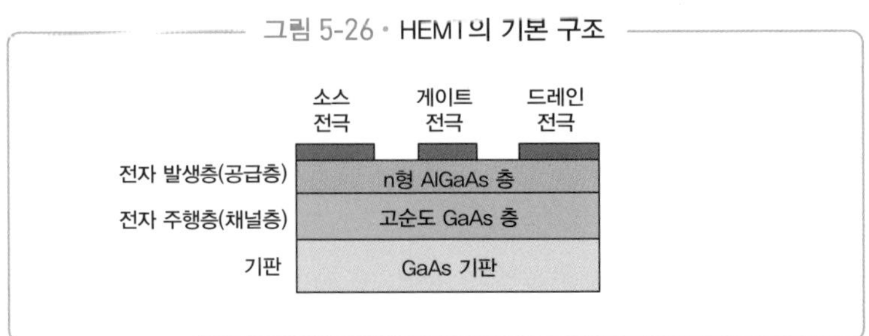

이 띠간격 차이를 이용하면 알루미늄갈륨비소층에서 발생한 전자를 갈륨비소층으로 모을 수 있으며, 전자는 불순물을 포함하지 않는 갈륨비소층을 주행할 수 있게 됩니다.

그림 5-27 · HEMT와 MOSFET의 차이

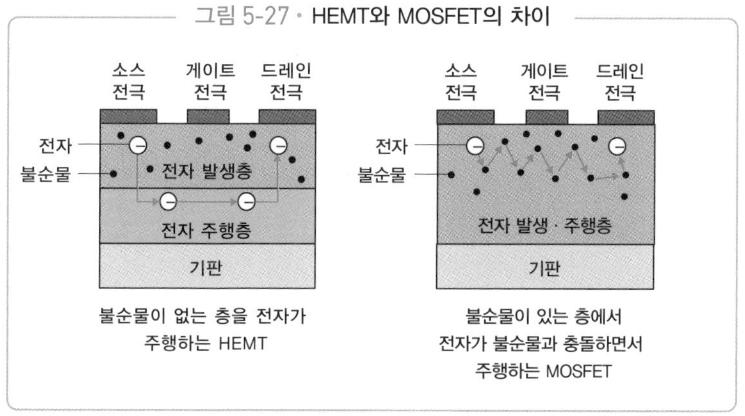

그림 5-27에서는 HEMT와 MOSFET 동작의 차이를 개념적으로 나타냈습니다. 그림 왼쪽이 HEMT이고, 전자 발생층에서 발생한 전자는 소스에서 드레인 방향으로 아래의 전자 주행층 내부를 이동합니다. 전자 주행층은 불순물이 적은 고순도 갈륨비소 결정입니다. 이 안에서는 전자가 불순물에 부딪히지 않고 고속으로 이동할 수 있습니다. 게다가 산란 현상에 따른 잡음도 많이 발생하지 않는 것이 장점입니다.

한편 그림 오른쪽에 있는 MOSFET은 전자의 발생과 주행이 동일한 n형 결정 내에서 일어납니다. 그러므로 전자가 이동할 때 결정 내의 불순물과 충돌해 산란하기도 하고, 이동 속도가 저하되며 잡음이 발생하게 됩니다.

이처럼 전자를 만들어내는 층(n형 알루미늄갈륨비소층)과 전자가 주행하는 층(고순도 갈륨비소층)을 분리하는 아이디어를 적용해 HEMT라는 획기적인, 초고속이면서 잡음이 적은 트랜지스터를 만들 수 있었습니다.

HEMT 전자(캐리어)는 초고속으로 이동할 수 있기 때문에 기존 트랜지스터의 사용 주파수가 몇 GHz에 지나지 않았던 것에 비해 수십GHz 이상의 자릿수가 다른 고주파수까지 사용할 수 있게 되었습니다. 게다가 잡음이 매우 적다는 것도 증폭기에서는 중요한 특징 중 하나입니다.

최초의 HEMT 제품은 일본 노베산의 우주 전파 망원경에 사용되었습니다. (1985년) 전파 망원경은 우주에서 날아오는 매우 미약한 전파를 수신하기 위해 거대한 파라볼라 안테나를 사용합니다. 이 망원경의 수신부에 HEMT 증폭기를 설치해 미약한 전파를 증폭시키면 전파 망원경의 감도를 눈에 띄게 향상시킬 수 있습니다.

HEMT는 77K의 액체 질소 온도일 때 상온보다 전자 이동도가 높아지며, 상온에서 사용하는 것보다 고성능(이득이 커지고 잡음이 작아짐) 증폭기가 됩니다. 이 점을 전파 망원경에 적용해 우주로부터 오는 전파를 고감도로 포착할 수 있게 되었습니다. 우리 주변에서는 12GHz 영역대의 전파를 사용하는 가정용 위성방송 수신용 파라볼라 안테나에도 HEMT 증폭기가 사용됩니다.

지금까지는 반도체에 갈륨비소를 사용한 예를 설명했지만, 목적이나 용도에 따라서는 다른 화합물반도체를 사용할 수도 있습니다. 최근에 주목받는 것은 질화갈륨인데, 갈륨비소보다 띠간격이 크고 고온에서 동작할 수 있기 때문에 절연 파괴 전압도 높다는 것이 특징입니다.

그러므로 질화갈륨을 사용하면 큰 출력과 높은 전압에서 사용할 수 있는 HEMT를 만들 수 있습니다. 전자 이동도는 갈륨비소보다 낮지만, 질화갈륨의 전자 포화 속도가 더 높기 때문에 고속 동작 측면에서도 문제가 없습니다.

스마트폰 속도가 점점 빨라지고 용량이 커짐에 따라 사용하는 주파수가 점점 높아지고 있습니다. 1, 2세대 스마트폰은 800MHz 영역대를 사용했지만, 3세대(3G)에서는 2GHz, 4세대(4G)에서는 3.5GHz, 5세대(5G)에서는 28GHz 영역대에까지 이르렀습니다.

이처럼 고주파를 고출력으로 송신하는 기지국용 트랜지스터에는 질화갈륨 HEMT가 적합합니다. 질화갈륨 HEMT라 해도 기본 구조는 갈륨비소 HEMT와 같으며 전자 발생층에 알루미늄질화갈륨을 사용하고, 전자 주행층에 고순도 질화갈륨을 사용합니다.

그러나 최근 들어서는 실리콘 소자의 고주파화도 진행되고 있습니다. 위성과 같은 특수 용도나 큰 전력이 필요한 기지국용 등을 제외하면, 고주파 장치 역시 가격이 저렴한 실리콘 소자로 바뀌어 가고 있습니다.

예를 들어 실리콘 트랜지스터의 베이스에 저마늄을 10% 정도 첨가한 실리콘저마늄 헤테로 접합 바이폴라 트랜지스터는 베이스의 띠간격을 작게 만들 수 있습니다. 그렇게 해서 얇은 베이스를 만들어 고주파화를 실현합니다.

또한 CMOS의 미세화가 계속 진행되고 있어서, 게이트 길이가 40nm 정도 이하의 MOSFET은 mm파 영역에서도 충분히 동작할 수 있습니다. 예를 들어 76GHz 영역대처럼 mm파 영역대의 고주파가 사용되는 자동차용 레이더 같은 곳에도 CMOS로 제작된 제품들이 상품화되고 있습니다.

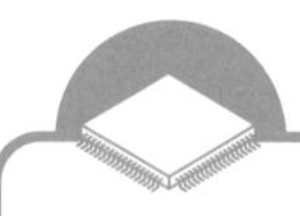

산업 기기에 널리 사용되는 파워 반도체

고전압에서 동작하는 반도체

여기서 소개하는 **파워 반도체**란 높은 전압과 강한 전류에서, 다시 말해 고전력 환경에서 사용하는 장치를 가리킵니다. 이 파워 반도체가 사용되는 분야는 그림 5-28에서 확인할 수 있습니다.

예를 들어 발전소에서 오는 송전선에는 송전 효율을 높이기 위해 수십만 볼트의 초고전압이 걸리며, 일반 가정 가까이에 있는 송전선에도 6600볼트의 높은 전압이 걸립니다.

그림 5-28 • **파워 반도체의 용도**

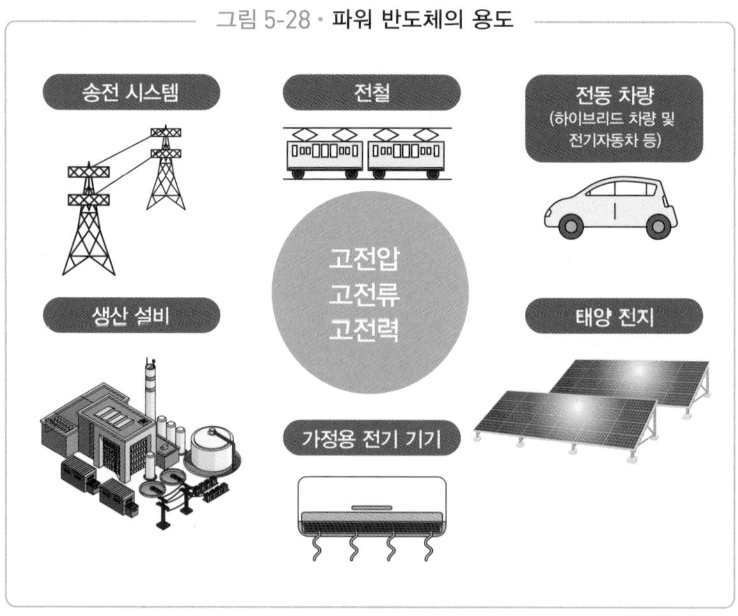

게다가 차량 구동용 모터에는 큰 전력이 필요합니다. 전기 자동차는 600볼트 정도에서 구동되며, 전철은 1500볼트나 2만 볼트와 같은 높은 전압이 걸립니다.

파워 반도체는 이런 높은 전력에서 사용하기 위한 반도체입니다.

동작과 관련해 살펴보면, 파워 반도체는 아날로그적인 동작을 합니다. 우선 강한 전류, 높은 전압을 ON, OFF하기 위한 스위치로 사용됩니다. 그밖에도 높은 전력은 그림 5-29에서 보는 것처럼 교류를 직류로 변환시키는 AC-DC 변환과 직류 전압을 변환시키는 DC-DC 변환에서도 사용할 수 있습니다.

파워 반도체에 요구되는 특성은 디지털 반도체나 일반 아날로그 반도체에 요구되는 특성과는 조금씩 달라지고 있습니다. 먼저 고전압에 견뎌야 합니다. 당연하게도 600V를 구동하기 위해서는 600V 이상에

그림 5-29 • **파워 반도체의 역할(변환)**

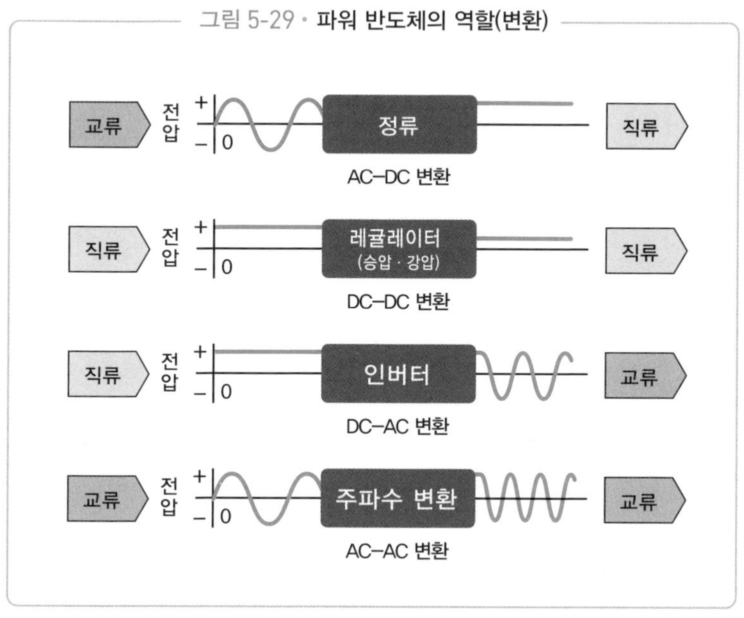

견딜 수 있어야 합니다.

ON 저항도 적어야 합니다. 예를 들어 어떤 소자에 1Ω의 기생 저항이 있다고 하고, 5V, 100mA에서 사용하면 0.5W가 됩니다. 그러나 500V, 10A에서 사용하면 5000W가 되기 때문에 전력 손실이나 발열이 매우 커지게 됩니다. 그러므로 저항을 낮게 만들어야 하는 것이지요. 또한 높은 전력의 경우 발열도 크기 때문에 방열성도 중요합니다.

파워 반도체는 AC-DC 변환처럼 교류를 취급하는 경우도 많습니다. 그러므로 고주파 동작이 가능해야 하고, 기생 용량이 작아야 합니다. 이 점은 일반 아날로그 반도체에 요구되는 특성과 같습니다.

이런 파워 반도체에는 두 가지 방식으로 접근할 수 있습니다.

첫 번째는 저렴한 실리콘 장치 구조를 제작한 후, 고전력에서도 사용할 수 있게 하는 것입니다. 두 번째는 질화갈륨이나 탄화규소처럼 띠간격이 크고 고전압에서도 사용할 수 있는 재료로 변경하는 것입니다.

이 방법으로 고안한 실리콘 장치 구조로는 그림 5-30의 파워 MOSFET을 들 수 있습니다. 이것은 일반적인 MOSFET과 비슷해 보이지만, 게이트 옆에 소스 단자가 있고 드레인 단자는 뒷면에서 꺼내게 되어 있습니다.

이 구조의 경우 드레인의 n- 영역이 넓기 때문에 내압을 높일 수 있습니다. 또한 일반적인 MOSFET보다 장치를 크게 만들기 쉽고, 저항도 낮으며 발열 문제에도 대응하기가 쉽습니다.

다음으로는 그림 5-31 (a)에서 IGBT(Insulated Gate Bipolar Transistor)를 확인할 수 있습니다. IGBT는 바이폴라 트랜지스터의 베이스에 산화막을 형성시킨 구조입니다. 간단하게 설명하자면 높은 내압성, 강한 전류의 바이폴라 트랜지스터, 그리고 전압 구동 방식으로 고속 동작할 수 있는 MOSFET의 장점만을 반영한 장치입니다.

그림 5-31 (b)는 동작 시 회로도입니다. IGBT는 pnp 트랜지스터의 베이스 전류를 게이트 전압으로 제어하는 동작을 합니다.

두 번째 접근 방법은 이번 장 앞에서 소개한 질화갈륨과 다이아몬드나 탄화규소처럼 띠 밴드가 큰 재료를 사용하는 것입니다. 이중에서 다이아몬드는 궁극의 반도체라고 불리지만, 아

그림 5-30 · 파워 MOSFET의 구조

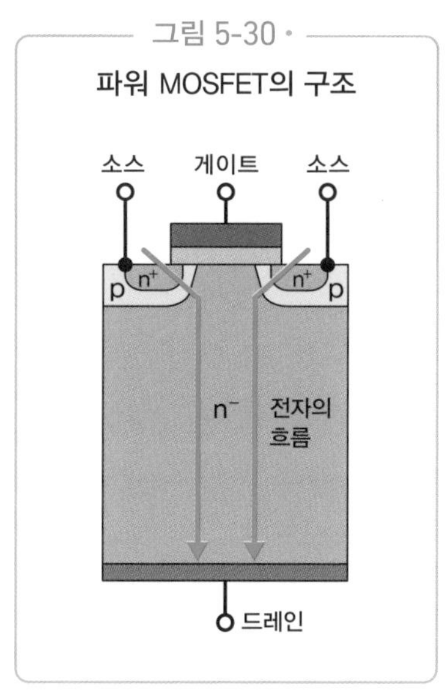

그림 5-31 · IGBT의 구조와 등가 회로

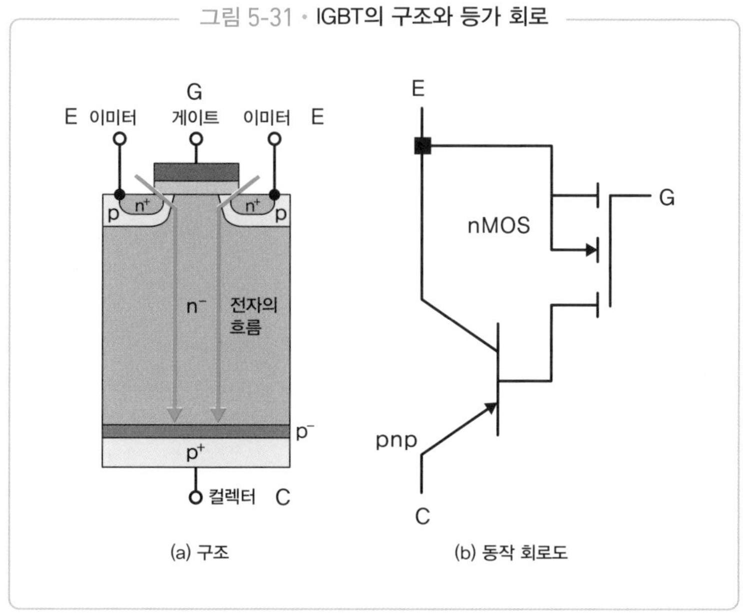

(a) 구조

(b) 동작 회로도

직 실용화되지는 않았습니다. 한편, 탄화규소나 질화갈륨 장치는 실제로 사용되기 시작했습니다. 이 경우, 띠간격이나 전자 이동도(고속성), 방열 특성이 실리콘보다 뛰어난 재료를 사용하기 때문에 고성능 파워 반도체를 간단하게 구현할 수 있습니다.

그러나 재료나 제조비용이 많이 발생한다는 것이 가장 큰 문제점입니다. 앞으로 개발이 진행되어 낮은 가격까지 실현할 수 있을지 기대를 모으고 있습니다.

빛 에너지

빛(일반적으로는 전자파)은 파장이면서 동시에 입자의 성질도 가지고 있습니다. 빛의 입자는 **광자**(Photon, 포톤)라고 불리며, 소립자의 한 종류이기도 합니다.

광자 에너지는 아래와 같이 나타낼 수 있습니다.

$E=h\nu=hc/\lambda$　　(1)

여기에 h: 플랑크 상수 (6.6261×10^{-34}J·s(줄·초))

c : 광속 (2.9979×10^{8}m/s)

ν : (1초당) 진동수　λ : 파장(m)

이 식에서도 알 수 있듯 진동수(전파의 주파수와 동일)가 높은 빛일수록, 바꿔 말하면 파장이 짧은 빛일수록 높은 에너지를 가지고 있습니다.

식 (1)에서 제시한 수식을 대입하면 에너지의 단위는 'J(Joule, 줄)'이 됩니다.

그러나 반도체에서는 에너지나 띠 밴드 값에 '전자볼트(eV)'라는 단위가 주로 사용됩니다. 이것은 1V의 전압일 때 전자 1개가 가속해서 얻을 수 있는 에너지를 의미합니다.

1 [eV]=1.6022×10^{-19}J　　(2)

그렇기 때문에 이 값을 대입해서 식 (1)의 단위를 [eV]로 나타내면,

$$E=(6.6261\times10^{-34}\times2.9979\times10^{8})/1.6022\times10^{-19}\cdot\lambda$$

$$=1.2398\times10^{-6}/\lambda\mathrm{eV} \qquad (3)$$

가 됩니다.

식 (3)에서는 파장의 단위에 'm(미터)'를 사용했지만, 빛의 경우에는 'nm(나노미터)'가 주로 사용됩니다. 여기에 단위를 'nm'로 나타내면 $1\mathrm{nm}=10^{-9}\mathrm{m}$이므로 식 (3)은

$$E=1.2398\times10^{3}/\lambda=1239.8/\lambda\mathrm{eV}\fallingdotseq1240/\lambda\mathrm{eV} \qquad (4)$$

가 됩니다.

이 관계를 그림으로 나타낸 것이 그림 5-A입니다.

이 그림에서도 알 수 있는 것처럼, 파장이 짧은 빛일수록 높은 에너지를 가지고 있습니다.

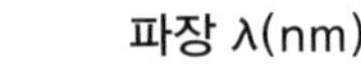

그림 5-A · 빛의 파장과 에너지의 관계

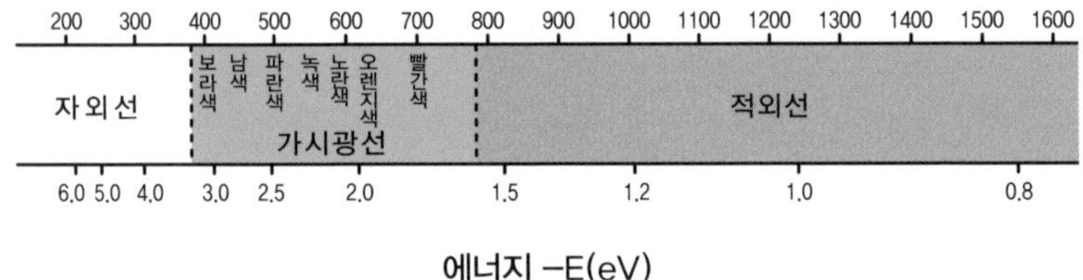